基于酶学角度研究消落带藻华形成机制

聂煜东　沈　倩　著

西南交通大学出版社
·成　都·

图书在版编目（CIP）数据

基于酶学角度研究消落带藻华形成机制 / 聂煜东，沈倩著. —成都：西南交通大学出版社，2021.9
ISBN 978-7-5643-8281-0

Ⅰ. ①基… Ⅱ. ①聂… ②沈… Ⅲ. ①三峡工程 – 藻类水华 – 形成 – 研究②三峡工程 – 藻类水华 – 影响因素 – 研究 Ⅳ. ①X524②Q949.2

中国版本图书馆 CIP 数据核字（2021）第 200870 号

Jiyu Meixue Jiaodu Yanjiu Xiaoluodai Zaohua Xingcheng Jizhi
基于酶学角度研究消落带藻华形成机制

聂煜东　沈　倩 / 著
责任编辑 / 李芳芳
封面设计 / 何东琳设计工作室

西南交通大学出版社出版发行
（四川省成都市金牛区二环路北一段 111 号西南交通大学创新大厦 21 楼 610031）
发行部电话：028-87600564　028-87600533
网址：http：//www.xnjdcbs.com
印刷：四川煤田地质制图印刷厂

成品尺寸　170 mm × 230 mm
印张　10.25　字数　183 千
版次　2021 年 9 月第 1 版　印次　2021 年 9 月第 1 次

书号　ISBN 978-7-5643-8281-0
定价　59.00 元

前言

一直以来水体氮磷浓度过高被认为是藻华爆发的主因，然而有报道指出部分水域的营养物质浓度已超过富营养化最低阈值，却并未有藻华爆发的情况出现。有研究表明，水体各营养元素往往存在多种形态，藻类仅能直接利用其中的特定形态，当该形态营养盐缺乏时，往往需要对其他形态营养盐进行转化，从而补充水体中特定营养盐的消耗。因此，除水体中营养盐物质的浓度外，藻类对营养物质的转化和利用能力也对自身生长起到重要作用。酶在藻类转化利用营养物质过程中起关键作用，因此，水体中与营养盐利用相关的酶活性的大小对于藻类的生长有重要影响。

三峡水库是我国最大的人工水域之一，自三峡工程启动以来，三峡库区的水环境问题一直是国人关注的焦点之一。特别是 2010 年 175 m 试验性蓄水后，库区水环境条件又出现了新的变化，包括嘉陵江重庆主城段在内的次级河流河段均受回水影响。在高蓄水位时流速大幅下降，污染物停留时间增加，水体扩散、自净能力下降，导致水体富营养化有所加剧。近年来，每年春季嘉陵江重庆主城段消落带均会出现藻类的爆发性增长现象，不仅对生态造成了影响，还给重庆主城区人民的饮用水安全带来了潜在威胁。重庆作为国家中心城市之一，其水质安全保障问题尤为重要。因此，有必要以嘉陵江重庆主城段消落带水域为例，对其频繁发生的藻华现象进行深入研究。

基于此，为了解释营养物质浓度与藻类生长之间的不同步现象，揭示藻华的形成机制，本书以嘉陵江重庆主城段消落带水体为研究对象，对水体中碳氮磷元素形态分布，碳氮磷元素浓度、碳氮磷利用关键酶活性、藻密度及其他水环境指标的年变化规律进行研究，借助相关性分析方法研究不同指标间的内在联系，借助回归分析得出不同指标间的关系式，通过多元线性拟合得出藻密度与不同环境指标间的内在联系模型，在此基础上构建嘉陵江重庆主城段消落带水体中各酶活的监测模型及藻华易发期的藻密度预测模型。并以原位水样实验为依据，筛选出各酶活性及藻密度所对应的影响因素及其变化范围，选取碱性磷酸酶及针杆藻，通过实验室实验对酶活性、藻密度与其各自影响因素间的关系进行验证，进一步针对酶对藻华的响应及其作用机制进行了阐述。

本书共分为 7 章，从藻、酶活性和营养物质三方面对藻华形成机制进行系统分析和研究。第 1 章简要介绍了国内外主要水域富营养化情况，初步介绍了三峡库区的富营养化现状及国内外相关研究现状；第 2 章主要介绍了嘉陵江重庆主城段消落带水文、水质及营养盐赋存形态；第 3 章分析研究了嘉陵江重庆主城段消落带水体中酶活性的变化规律及其影响因素；第 4 章对藻华形成的直接影响因素进行分析；第 5 章对藻类磷吸收关键酶碱性磷酸酶活性的影响因素进行系统分析与介绍；第 6 章对藻类生长的影响因素进行系统分析与介绍；第 7 章对嘉陵江消落带形成机制进行总结。其中，沈倩负责第 2 章及全书中有关碳酸酐酶的内容撰写，聂煜东负责其他章节内容的撰写及全书的统稿。

本书以笔者对嘉陵江主城段消落带多年的监测和研究为基础，对藻华的形成机制进行初步探讨。希望本书能够有助于人们从营养盐利用的角度出发，以营养盐利用相关酶的活性为突破口，更深入地认识藻华形成机制，进一步为藻华的监控及预防提供新的思路与方法。

书稿的出版离不开基础加强计划重点基础研究项目、重庆市自然科学基金面上项目（cstc2018jcyjAX0734）、重庆理工大学科研启动基金资助项目的支持，特别感谢张智教授对本书中相关研究的指导与帮助，同时感谢课题组老师与同学的帮助与支持。

虽然笔者力求准确完整地展现相关研究成果，但书中不可避免存在疏漏，恳请专家与读者批评指正，以便后续进一步完善与改进。

作 者

2021 年 6 月

主要缩写语对照表

缩写语	英文	中文
CAA	Carbonic Anhydrase Activity	碳酸酐酶活性
NRA	Nitrate Reductase Activity	硝酸还原酶活性
APA	Alkaline Phosphatase Activity	碱性磷酸酶活性
DO	Dissolved Oxygen	溶解氧
Chla	Chlorophyll a	叶绿素 a
COD	Chemical Oxygen Demand	化学需氧量
TC	Total Carbon	总碳
TIC	Total Inorganic Carbon	总无机碳
TOC	Total Organic Carbon	总有机碳
TDC	Total Dissoluble Carbon	溶解性总碳
DIC	Dissoluble Inorganic Carbon	溶解性无机碳
DOC	Dissoluble Organic Carbon	溶解性有机碳
TPC	Total Carbon	颗粒性总碳
PIC	Particulate Inorganic Carbon	颗粒无机碳
POC	Particulate Organic Carbon	颗粒有机碳
TN	Total Nitrogen	总氮
TP	Total Phosphorus	总磷
SRP	Soluble Reactive Phosphorus	溶解性反应磷
DOP	Dissoluble Organic Phosphorus	溶解性有机磷
TDP	Total Dissoluble Phosphorus	溶解性总磷
PP	Particulate Phosphorus	颗粒磷
EHP	Enzyme Hydrolyzable Phosphorus	可酶解磷
ATP	Adenosine Triphosphate	三磷酸腺苷
GP	sodium Glycero Phosphate	甘油磷酸钠
G6P	Glucose 6-phosphate	葡萄糖-6-磷酸
LEC	Lecithin	卵磷脂

contents

目 录

第1章　绪　论

在经济高速发展的今天，由于人类的活动给生态平衡带来了一定程度的破坏，导致多种环境问题频繁发生，也给人类的生活带来了诸多困扰。由于分布范围广、发生频率高的特点，富营养化问题在众多环境问题当中受到人们的重点关注。在无人类活动介入时，水中的营养物质会随着水生生物的死亡和沉降逐渐富集，这个过程往往非常缓慢。而人类的介入使得这个富集速度迅速加快，营养物质通过大量的生活污水及工业废水等进入地表水中，对自然水体造成大面积的污染，进而导致水中营养盐浓度迅速升高。当温度、光照等条件适宜时，且同时水体呈现缓流状态时，具有高营养盐浓度的水体极易引发藻类的大量繁殖，从而导致富营养化现象的发生。藻类的大量繁殖不仅会改变水体中生物种群的数量及组成，破坏生态平衡，严重时将导致其他水生动植物的死亡，甚至影响人类的生活用水和饮用水安全。因此，治理富营养化刻不容缓。

作为一个全球性的环境问题之一，富营养化几乎出现在包括海洋、河流、湖泊、水库等在内的各种地表水体中，其带来的藻类爆发性增长的现象又称作藻华。由于富营养化水体中的藻类在适宜条件下能够于短时间内迅速增殖，因此其属于突发性的污染事件，一旦发生，难以控制，且治理成本高。如果在藻华爆发前对水体采取一定措施，可在一定程度上控制藻华，从而降低其对生态和水环境的危害，节约治理成本。因此，对藻华的爆发及发展过程进行有效预测和监控，是当前研究以藻华为代表的富营养化问题中的热点研究方向之一。针对可能爆发藻华的富营养化水体，在采取相应措施前往往需要对藻华相关影响因素进行充分了解和分析，掌握藻华的形成机制。只有依据藻华形成机制，才能有目的地对藻类的生长进行定向调控，从而降低藻华发生的概率，从根本上解决水体富营养化及其引发的相关环境问题。

1.1　三峡库区消落带藻华现状

作为世界上发电量最大的水利枢纽工程，三峡工程于1994年首次动工，1997年大江截流，坝前水位上升至75 m；2003年二期工程结束后，库区蓄水水位达到 135 m；2006 年通过调控，将坝前运行水位提升至 156 m；2009 年工程整体竣工，最高蓄水位最终提高至 175 m。三峡工程自开工建设以来，随着蓄水位的上升，发电量也在不断攀升；然而，在给人们带来更多电力供应的同时，也引发了一系列的生态环境问题，逐渐引起了人们的广泛关注。

三峡大坝 175 m 蓄水后，库区内大量陆地被淹没，自湖北宜昌三斗坪至重庆市江津段，沿江而上形成了长度超过 600 km、面积达 1084 km^2、库容超过 400 亿立方米的河道型水库，嘉陵江主城段在内的长江次级河流均处于库区回水区内，且在河流岸边水域相应地形成了消落带[1]。随着三峡水库成库，库区内水体的水库效应[2-4]逐渐显现，库区水体平均流速较自然流态大幅下降，同时消落带上出现了大量库湾和静水区。由于水流速度的减小，水体的扩散能力、自净能力都出现了一定程度的下降，这就使得污染物在库区中的停留时间相对延长，从而导致库区中污染物的富集，这种现象在库区次级河流中尤为严重[5]。在流速下降、污染物浓度增加的环境条件下，近年来，三峡库区回水区内次级河流中藻华的频率呈明显的上升趋势，在危害库区生态环境的同时，给库区内人民群众的饮用水安全带来了一定的潜在威胁，因此对该问题有必要引起重视[5, 6]。嘉陵江是库区内规模最大的次级河流之一，同时也是最重要的次级河流之一。嘉陵江主城段是重庆市主城区的重要取水水源，其水质的优劣对于主城区人民群众的健康有着重要影响。三峡大坝自 156 m 蓄水后，库尾回水区已上溯至嘉陵江主城段，从而对其水环境造成了巨大的影响。自蓄水后每年春季多次爆发硅藻藻华，使得水质有所下降，对饮用水安全造成了潜在威胁[7]。因此，为了应对藻华频繁爆发的现象，保障人们的饮用水安全，有必要对三峡库区嘉陵江主城段水体藻华的形成机制展开深入研究。

基于营养元素对藻类生长的重要影响，以往对三峡库区藻华的研究主要集中在对环境中营养盐种类及含量的监测与分析，营养盐及其相关因素对藻类生长的影响等方面。例如，张晟在三峡库区成库后不久，研究了库区内 13 条河流的营养盐及有机物的季节变化及输出，并着重分析了氮磷元素与水体叶绿素 a 的关系。张磊等同样对库区内的次级河流澎溪河中的营养盐和叶绿素含量进行了分析，并对不同季节下各参数的差异进行了对比分析[8, 9]。然而，研究表明：三峡库区内的许多次级河流在整个调查期间水体的总氮（TN）、总磷（TP）指标均已达到富营养化状态，TN、TP 的含量已经远超过藻类生长所必需的营养盐含量，而藻华并未爆发，氮、磷等营养盐虽然对于藻类生长有着重要作用，还有其他因素对藻华的爆发有重要影响[10]。因此，以藻类爆发性增长为特征的富营养化现象的影响因素及相关机理需进一步深入研究。

有研究表明，除了要具备充足的营养盐物质外，藻类对营养盐的吸收和利用能力也是决定藻类能否快速生长的重要因素[11]。水体中的营养盐元素主要包括碳、氮、磷等多种元素，而每种元素的营养盐又具有不同的形态，部分形态的营养盐可以被藻类直接吸收利用，而另外一些形态的营养盐则需要通过相应的酶进行催化转化为具有生物可用性的小分子后，才能被藻细胞进一步利用[12]。例如，正磷酸盐是一种无机态的磷营养盐，其能被藻类直接吸收利用，而有机磷则是另外一种形态的磷，不能被藻细胞直接利用，需先通过碱性磷酸酶对其进行分解和矿化后才能被藻类利用[13]。在一般情况下，藻密度较低时水体中的正磷酸盐能充分满足其生长的需要。然而，在藻华爆发时，藻类快速增长的同时正磷酸盐被大量消耗，使得水体中缺乏正磷酸盐，此时，有机磷成为水体磷素的重要补充。藻类为了应对磷素缺乏的环境，会分泌大量的碱性磷酸酶将水体中的有机磷矿化为 PO_4^{3+}，进而加以利用[14]。上述研究表明，在藻华过程中，酶的催化在藻类的营养盐吸收利用过程中起到至关重要作用，酶是藻类转化和利用营养盐的有效工具。另一方面，研究表明营养盐浓度对酶的活性也具有一定的调控作用。有研究表明，作为酶的催化底物，有机态营养物质的增加会促进细胞分泌更多的酶，且可提高其催化活性，即所谓的“抑制-诱导机制”中的底物诱导[15, 16]。较高的底物浓度和较低的产物浓度，会诱导酶活性至一个较高水平，反之酶活性则会降低。基于此，酶活性的高低可作为判断水体富营养化程度的重要指标。

综上所述，了解水体中酶的变化规律及作用机理，对深入了解碳氮磷等主要营养元素的循环过程，以及各元素对水体富营养化进程的影响机理有着重要帮助。基于酶与水体中营养元素及藻类生长间的关系，其可作为水体相关营养元素浓度的判断指标，也同时可作为水体富营养化程度的判断指标。对于嘉陵江主城段等三峡库区次级河流中近期出现的藻华现象，开展水体中常见酶活性的研究，进一步掌握酶活性与藻类生长、营养盐浓度之间的关系，有助于了解水体中酶的作用机理，进而深入了解藻华的形成机制。这对于指导三峡库区回水区内次级河流消落带的藻华预防及治理工作具有重要的意义，同时对其他淡水水体的藻华预防及治理工作有一定的借鉴意义。

1.2 富营养化现状及研究

1.2.1 国内外富营养化现状

富营养化是指由于水体营养盐浓度过高而导致的一系列生态失衡现象，

高浓度营养盐使得藻类和大型水生植物过度生长，进而导致水体生态被破坏、水质恶化、水资源价值降低[17, 18]。人类活动是水体营养盐浓度迅速上升的主因，水中营养盐的主要来源包括生活污水、工业废水的排放以及农业面源污染导致的营养物质汇入[19]。经济合作与发展组织对富营养化水体的相关指标进行了定量，当水体中平均总磷（TP）浓度超过 0.035 mg/L、平均叶绿素 a 浓度（Chla）超过 25 μg/L、平均透明度（SD）低于 3 m 时，即认为水体进入了富营养化状态[20]。水体富营养化常导致藻类暴发性生长从而形成藻华（algal bloom），在淡水和海洋中，藻华又分别称为水华（water bloom）和赤潮（red tide）[21]。

在 20 世纪末期，联合国曾经组织人员对全球范围内的富营养化水体进行排查，结果显示三到四成的湖库存在不同程度的富营养化现象[22]。2000 年后随着人口的增长和对自然的进一步开发，富营养化现象出现得更加频繁。研究表明，在亚太地区约有 54%的湖泊库为富营养水体，而欧洲、北美洲、南美洲和非洲富营养化水体的比例依次为 53%、48%、41%和 28%[23-25]。从世界范围来看，人类活动范围内所涉及的湖泊和水库几乎都存在营养元素浓度过高的情况，同时有四分之三的封闭水体出现了富营养化的现象。按不同区域来划分，由于经济发展水平较高，欧洲的富营养化情况也最为严重；大约八成以上的湖库受到了污染，出现了氮磷等营养元素过高的情况。以位于希腊的 Pamvotis 湖为例，在过去四十年里，由于人们对其肆意排放污水，目前水体富营养化严重，藻类大量繁殖，完全破坏了水中的生态平衡[26]。位于北美的五大湖是全球最大的淡水湖群落之一，五大湖的水体具有不同的营养状态，其中除苏必利尔湖为贫营养外，其他湖泊均遭到了不同程度的污染，特别是安大略湖和伊利湖，已经达到了富营养水体的程度。维多利亚湖是非洲第一大湖，对于周边国家的发展具有重要的生态和经济意义；然而随着人们对周边自然环境的过度开发，导致其遭受到严重污染，使得湖中藻华频发、鱼类死亡，周边人们的健康也受到威胁[27]。在大洋洲的岛屿中，由于湖泊较少，相关研究不多；夏威夷的 Agoma 湖是众多太平洋岛屿中少数受到人们关注的湖泊之一，研究表明该湖泊与目前众多岛屿湖泊一样，水体营养物质浓度极高，富营养化严重[28]。对于亚洲地区的湖库来说，由于南北地域环境差异很大，因此两处水域水体具有显著差异，北部湖库水质要显著优于南部地区湖库；亚洲湖库特点是氮磷含量普遍偏高，因此在其他环境条件适宜的情况下，极易诱发藻类大量增殖。

由于目前世界范围内湖库的富营养情况较为严重，因此有关研究较为普遍，而对于河流富营养化的研究相对较少，目前只有澳洲、北美和欧洲等发达国家曾对河流富营养化情况进行相对系统的调查。根据藻华的爆发频率进行计算，淡水藻华中大约77%的藻华为湖库藻华，而只有23%的藻华为河流藻华。然而，由于污染的加剧及其他人为因素的影响，河流藻华现象正日趋增多，特别是在2003年以后，河流藻华发生频率显著上升[29]。20世纪90年代初期，澳大利亚的新南威尔士州曾在两年内发生162次藻华，且其中的84次对水体生态系统及功能造成了严重影响，特别是在1991年的达令河，发生了有记录以来世界上最大范围的蓝藻藻华，藻华河段绵延1 000 km以上[30]。欧洲曾经也发生过较为严重的河流富营养化问题，例如莱茵河曾多次爆发藻华；随着人们对水环境的重视，莱茵河水体水质逐渐改善，近年来藻华出现的频率大幅下降[31]。在北美的加拿大，曾经也有数条河流出现严重的富营养化现象，之后经过长期的治理，藻华现象得到有效控制[32]。

由于近年来的快速发展，我国富营养化问题相对其他国家更为严重。作为全球藻华分布最广、受影响最大的国家之一，近年来也逐渐开展了一系列针对湖库及河流富营养化问题的调查和研究。相关研究表明，我国大部分的湖库水体均存在营养盐浓度过高的问题，其中大多数出现过富营养化，只有少数偏远地区的湖库由于受污染较少仍处于自然状态[33]。我国湖库水体营养状况主要表现为：

① 五大主要淡水湖营养盐浓度过高，已超过诱发藻华的最低阈值；

② 城市湖泊富营养化严重；

③ 众多中型湖泊处于营养盐过剩状态。

根据《2014年中国环境状况公报》的描述（见图1.1）[34]，在全国62个主要依据TP、化学需氧量（COD_{Cr}）和高锰酸盐指数（COD_{Mn}）来测算水质的重点湖库中，7个湖泊（水库）水质为Ⅰ类，11个为Ⅱ类，20个为Ⅲ类，15个为Ⅳ类，4个为Ⅴ类，5个为劣Ⅴ类。在进行营养状态监测的61个湖库中，2个重度富营养化、13个轻度富营养、36个处于中营养状态，10个处于贫营养状态。具体来看，太湖水体平均营养程度为轻度富营养化状态，其中北部沿岸、西部沿岸、湖心、东部沿岸和南部沿岸污染程度较低，均为轻度富营养状态；巢湖西岸附近为中度富营养状态，东岸附近为轻度富营养状态，水体总体平均营养盐状况为轻度富营养状态；滇池水体中草海重度富营养化，外海为中度富营养状态，平均为中度富营养状态。依据以上数据，可以发现我国的富营养化问题已成为当前最突出的环境问题之一。综上所述，湖库富营养化问题已经成为我国最重要的水环境问题之一。

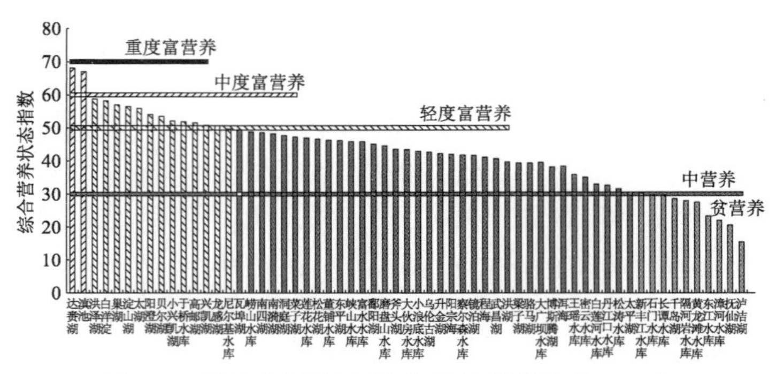

图 1.1　我国主要淡水湖库富营养情况（2014）

在我国湖库出现大面积富营养化现象的同时，近年来我国的众多河流富营养化情况也有所加剧。例如长三角地区的河系、珠江、汉江等流域均发生过藻华现象。2010 年 1 月至 3 月期间，汉江襄樊段以下干流及支流出现藻华，其支流唐白河藻密度一度高达 50×10^6 个/L[35]。2007 年 6 至 7 月间，珠江广州段总氮、总磷浓度超标，使得藻类数量急剧增加，导致水质进一步恶化[36]。在对长三角地区河系富营养化情况抽样调查中，研究人员发现大约九成以上的河流存在富营养化现象；其中，氮、磷等元素的含量未达到地表水质量标准中Ⅴ类水体要求的河流众多，表明该地区水体被严重污染[37]。因此，包括河流在内的我国淡水水体富营养化情况总体仍不乐观，有待投入更多的精力加以分析研究，从而找到更多的抑制或减缓富营养化的手段。

1.2.2　国内外富营养化研究进展

不同地区的水体，由于周边地理环境、气候条件、污染情况以及水体中生态系统的区别，在藻华发生时往往各自具有不同的优势藻种，形成不同类型的藻华，因此所引发的生态问题也表现出不同的特点。在几十年来的研究积累下，当前研究人员大多将水体营养盐浓度、水文条件、温度及光照等因素作为影响藻华发生的主要因素[38]。

根据 Jorgensen 等的研究，富营养化的过程即藻类生长的过程，对氮、磷元素含量及藻类生物量之间的关系进行研究，能够进一步了解藻华的形成机理[39]。藻类在充足的光照、适宜的温度及 pH 值的环境中，可以将碳、氮、磷等元素经过一系列的催化和反应，最终合成有机质 $C_{106}H_{263}N_{16}P_1$，其氮磷比按元素计为 16∶1，按质量计为 7∶1[40]。利贝格最小值定律指出，在植物生长中所需的元素当中，制约其生长的往往是环境中含量最低的一种元素[41]。因此以有机物中 7/1 的氮磷质量比为基准，超过此比例磷素即为限制性元素，而反之氮素即为限制性元素。对不同水体中营养元素的调查表明，全球有 80%的水体为磷限制水体，11%为氮限制水体，而其余 9%水体受二者共同影响[42]。通常情况下，大多数水体中磷素为限制性元素，而水中氮素则较为充足，因此氮素与浮游植物生物量一般无显著相关性[43]。英国国家环境署将 TP 质量浓度 0.086 mg/L 定位富营养化发生的最低阈值，而美国环境保护署将富营养化的最低阈值根据总磷浓度和正磷酸盐浓度分别定为 0.05 mg/L 和 0.025 mg/L[44]。

在引起湖库水体富营养化的众多因素中，除营养物质的浓度外，水文条件也是重要因素之一。在营养物质较为充足时，藻类的爆发性增长在很大程度上受水文等条件的影响[45]。有研究表明，藻类适宜的生长环境为流速小于 0.05 m/s 且水深不超过 10 m[46]。例如 Mitrovic 等[47]的研究表明，在流速低于 0.05 m/s 时，库区项圈藻将会出现爆发性增长现象。通过实验室研究，Escartin 等[48]发现当流速超过 0.10 m/s 时，藻群结构和藻细胞将会受到物理破坏。因此，当流速小于 0.05 m/s 时，藻类将迅速增长，而流速大于 0.10 m/s 时则会抑制藻类的生长。此外，藻类的生长还受到换水周期的影响，周期越长越利于藻类的增殖[49]。另一方面，在对江苏内江水体中藻类进行物理模拟实验的过程中，王华等[50]发现一定的流速相对于静止水体和高流速水体，更适宜藻类的生长，并能使水体中藻生物量维持在一个较高水平。上述研究表明，一定的流速可以促进藻类的生长，并且在该流速范围内随流速的加快，藻类的增殖速率将呈一定程度上升；同时，在此流速范围外，随流速的增加藻类的生长将会被明显抑制。一定程度内的水体扰动，不会对藻类产生物理损伤，反而对水中营养物质的扩散具有重要意义，因此可有效促进藻类对营养物质的利用，从而间接促进藻类的生长。

藻类生长的另一重要影响因素是水温。在环境温度较低时，水温的上升将能有效提高藻类的生长速率，而在超过一定温度范围后，则会逐渐抑制藻类的生长[49]。由于各藻类种群的最适温度不一样，温度的变化会使得不同的藻类成为优势藻种，从而诱发不同类型的藻华。有研究表明，硅藻的生长温度范围为 15 ~ 35 °C，同时其最适温度为 20 ~ 30 °C。还有研究表明包括硅藻、黄藻、金藻等藻类最适生长温度为 14 ~ 18 °C，绿藻最适生长温度为 20 ~ 25 °C，蓝藻最适生长温度为 20 ~ 30 °C[51]。在某种藻类相应的最适温度范围内，一旦其他富营养化条件满足，就会发生对应的藻华。例如，蓝藻的最佳复苏温度在 18 ~ 21 °C，高于非蓝藻的复苏温度为 14 ~ 18 °C，因此当温度较高时利于蓝藻生长，易发生蓝藻水华[52, 53]。

此外，光照对藻类生长也有显著影响，其主要影响表现为：光照越强，光合速率越快；同时，不同的光照对不同的藻类也有不同程度的影响。有研究表明，包括小球藻、盐藻、微绿球藻等在内的硅藻，其最适光照强度为58.5 ~ 195 μmol/（m^2·s）[54]。在光照强度为9.75 ~ 195 μmol/（m^2·s）的范围内，青岛大扁藻、小球藻、绿色杜氏藻、等鞭金藻的生长速率及生物量将随光照强度的增强而增加[55]。

1.2.3 三峡库区富营养化现状及研究进展

三峡工程是全球发电量最大的水利枢纽工程，其大坝蓄水后沿江而上所形成的三峡水库是典型的河道型水库，自 1997 年开始蓄水后其水位逐步上升。1997 年 11 月大坝合龙后，水位蓄水至 75 m，库区内一切景观未受影响；2003 年 6 月二期工程后，水位提高到 135 m；2006 年水位进一步提高到 156 m；2009 年三峡工程竣工，2010 年开始试验性 175 m 蓄水，至此形成总面积 1 084 km^2，总库容达 393 亿 m^3 的三峡水库。库区范围自三峡大坝至上游重庆市江津区共长 668 km，重庆市主城区长江、嘉陵江等水体均处于大坝回水区内。

三峡大坝 175 m 试验性蓄水后，为了兼顾蓄水、防洪及发电等功能性需求，在每年的枯水季（10 月—次年 2 月），大坝将蓄水至 175 m，从而保证发电的需求；而在每年的 3 月至 5 月，为了应对即将到来的丰水期，水位将降至 145 m。在库区 145 m 低水位运行时，重庆主城区长江及嘉陵江等河流均处于自然流态；而在 175 m 高水位运行时，主城区河段均由自然流态变为典型的类湖泊流态[1]。在 175 m 蓄水期间，由于水位较高、流量较小，因此流速十分缓慢，水体中营养盐的滞留时间大为增加；在水文特征大幅变化的背景下，水体的纳污及自净能力也出现了较大变化[56]。

三峡库区水体由于营养盐含量本身较高，同时流速的变缓使得营养盐进一步富集，为藻类的生长提供了适宜环境[6]。当前，三峡库区内次级河流的水环境问题较为严重，许多河流交汇回水区和库弯区曾出现甲藻、隐藻、衣藻等藻华现象[57]。近年来的监测结果表明，三峡库区重庆市境内的 70 多条次级河流中，约有 30%以上的水环境质量未能达到地表水环境质量标准。其中总氮、总磷超标的河流主要有：濑溪河、龙宝河、梅溪河、梁滩河、苎溪河、小安溪河、五桥河、龙溪河等，在这类水体中由于营养盐较为充足，能够满足藻类大量生长的需求，因此富营养化发生的趋势有所增加[5]。库区内的次级河流藻华在三峡大坝蓄水前较少出现，然而从2003年5月一期蓄水后，藻华现象开始逐渐增多。2004 年 2 月在长江秭归江段坝前发生甲藻“藻华”，

藻类峰值密度达到 2.73×10^6 个/L；2004 年 7、8 月和 2005 年 4 月香溪河下游以及河口区也分别发生严重的隐藻和硅藻藻华[58]。枯水期由于流量较小，为了满足发电的需求，在此期间库区将会逐步蓄水至 175 m，受回水的影响，许多水体的流速变得更加缓慢，进一步导致库湾和部分支流污染物扩散较慢，N、P 等营养盐含量迅速升高，泥沙沉降，水体悬浮物含量降低，水体各层得到了充足的光照[59]。另一方面，由于硅藻等喜低温的特性，使得香溪河及高岚河库湾在早春多次爆发小环藻和拟多甲藻藻华[60]。2006 年 9 月二期蓄水后，最高蓄水水位提升至 156 m，由于水位升高，库区进一步向上游扩展，长江干流库尾已达重庆市区郭家沱附近。随着水位的进一步提高，库区各级支流河口水文条件复杂化，云阳小江、大宁河以及嘉陵江等支流也陆续出现了藻华现象，冬春季一般为硅藻藻华，而夏秋季以隐藻、绿藻、蓝藻藻华居多[61]。随着水体水文条件的变化和富营养情况的加剧，在 2008 年大宁河甚至爆发了冬季蓝藻藻华，打破了蓝藻藻华多在水温较高的夏秋季发生的一般规律，充分预示着在复杂水文水利条件下，三峡库区水体藻华爆发的不确定性，以及各级支流从富营养化程度较低的硅-绿藻型向富营养化程度较高的硅-蓝藻型水体转变的趋势[62]。

1.2.4 嘉陵江重庆段富营养化研究进展

近年来，嘉陵江朝天门段频繁爆发春季藻华，对主城区的饮用水安全造成了一定威胁。在此之前，库区 135 m、165 m 蓄水已引起大宁河、香溪河等下游次级河流水位的上升，流速变缓，进一步导致藻类种群变化及藻密度大幅增长[63-68]。由于朝天门水位为 160.2 m，因此在前期蓄水中嘉陵江较少受到大坝回水的影响。

2004 年 8 月 ~ 2005 年 8 月，本团队对嘉陵江朝天门段浮游藻类变化规律进行了研究，发现无论在藻种类或藻密度方面，硅藻均占较大优势，其次为绿藻和蓝藻，其他藻种较少；研究表明，嘉陵江水体中藻类的种类和数量一般受到水温、泥沙含量和水体流速等因素的影响[69]。

2005 年 2 月—2006 年 7 月，杨帆等对嘉陵江出口段藻类进行了计数与鉴定[70]。研究发现浮游藻类优势种群从大到小依次为硅藻、绿藻和蓝藻，其所占比例分别为 49.5%、29.0%和 11.2%；硅藻是优势藻种，而其中大部分为小环藻，主要有扭曲小环藻（Cyclotella. comta）、具星小环藻（Cyclotella. stelligera）、梅尼小环藻（Cyclotella. meneghiniana），其中梅尼小环藻藻密度相对较高。

2006 年 11 月—2007 年 9 月，邓洪平等[71]研究了嘉陵江下游的小三峡硅藻群落结构情况及相应水质状况，按枯水期（2006.11—2007.3）、平水期（2007.4—2007.6）、丰水期（2007.7—2007.9）来划分，分别对不同时期的多个采样点进行了采样，并研究了硅藻的种类、藻密度大小、多样性情况等；研究表明，该水体中共有硅藻 78 种（含变种和变型），分别隶属 2 纲、10 科、20 属；硅藻细胞密度为 $0.53 \times 10^4 \sim 3.58 \times 10^4$ 个/L，总平均 1.55×10^4 个/L。

在 2008 至 2009 连续两年间，三峡大坝开始 175 m 试验性蓄水，虽最终未达到 175 m 蓄水水位，但仍然引起了嘉陵江出口段水位的上升。郭蔚华等[72]研究表明，随着三峡库区不同阶段蓄水水位的不同，嘉陵江水体会相应形成河流型、过渡性和类湖泊型水体。其中后两者由于污染物的滞留时间变长，形成了富营养化敏感水体，容易诱发藻华。同时不同水体的水利条件也会对水体中藻的种类及藻密度产生显著的影响。

2010 年，三峡大坝首次成功进行 175 m 蓄水，作为库区内的重要次级河流之一，嘉陵江出口段至北碚区境内均处于回水区范围，水文特征、水环境容量及纳污特性等均有较大改变，藻的种群构成及藻密度也相应产生变化[73]。龙天渝等针对水文特征的变化，研究了水动力条件对嘉陵江重庆主城段藻类生长繁殖和富营养化的影响；研究表明，嘉陵江重庆主城段水体流速约为 0.04 m/s，即水体为类湖泊型或过渡性时，藻华最易爆发[74]。

2011 至 2012 年间，针对三峡大坝 175 m 蓄水后库区的水环境演变现象，张勇等[75]对嘉陵江重庆段 7 个断面的营养盐指标进行了为期 2 年的连续监测，对营养盐的空间变化特征进行分析，结合水体中藻类的生长情况，发现水体中的总氮与总磷水平在部分季节均远高于富营养化的阈值，然而并未发生藻华；而在某些季节，营养盐水平低于富营养化阈值，却屡屡出现藻华现象。这表明水体中的营养盐水平与藻类的生长在一年中并非始终正相关，藻华的爆发也会受到其他因素的影响。在人工调节三峡水库水文、营养盐等特征而出现季节性变化的背景下，其具体的影响因素和影响程度均有待进一步研究。

1.3 酶在水体富营养化中的作用及研究

对于以藻华为代表的富营养化现象，以往国内外的研究主要集中在通过营养盐、常规水质指标、气象数据、水文条件等方面对藻华的发展及过程进行研究分析。例如 Becker 等基于气象遥感数据和现场实测数据，结合统计学方法对北美五大湖的藻华发生地点和时间进行监测和分析[76]。Yabunaka 等选取水体营养盐含量、叶绿素 a 浓度等环境指标因素，结合人工神经网络的方法对藻类的生长进行研究分析，借助营养盐等参数可在较短时期内对藻华的发展趋势进行判断[77]。然而，营养盐等虽为藻类生长所必需的要素，但越来越多的研究表明，许多水体的营养盐浓度对藻类生长的影响作用有限。例如太湖水域藻华爆发频繁，然而有研究表明其水体 N/P 比高达 36.6，为严重磷限制水体[78]。在对三峡库区水体的调查中人们发现，多条次级河流水体的总氮、总磷指标均已达到富营养化状态，甚至远超藻类大规模生长所需的最低营养水平，藻华却未发生。张勇等在对嘉陵江重庆段水体氮磷元素及浮游植物生物量的调查中发现，氮素及磷素的浓度均远超出了富营养化的阈值，同时水体浮游植物生物量与 TN、TP 浓度之间相关性较低[75]。邱光胜等在对库区内数条支流富营养化及藻华现状研究后，得出大多数支流水体中营养盐并非藻类生长的限制性因子，藻类生长受到其他相关因子的多重影响[10]。上述研究表明，营养盐含量与藻生物量的相关性并不显著，因此藻华现象及其影响因素需要更深层次的研究。

由水生态系统失衡引发的特定藻种大规模增殖现象即富营养化现象。一方面，假如营养盐较为缺乏，水体将难以发生藻类大规模增殖的现象；另一方面，虽然水体各营养元素浓度达到藻类爆发性增长的最低阈值，但由于各营养元素均具有多种形态，而只有特定形态的营养盐能被藻类利用[12, 13]，如果藻类无法对水体营养元素进行充分利用，也不会发生富营养化现象。因此，为了充分了解水体富营养化的发生条件以及藻华的形成机制，除了需要了解水体中各营养盐的浓度之外，还需要对水体中各营养盐的形态分布及藻类对营养盐的利用能力进行分析。

研究表明，藻类对营养盐的利用能力与水体中酶的活性相关，酶是藻类利用营养盐的关键物质，在营养盐的转化过程中，酶可将难以被藻类直接利用的碳、氮、磷物质形态转化为可被藻类直接吸收的形态，各营养元素进而被藻类同化为自身有机质，这同时也是元素循环中至关重要的步骤[79]。因此，藻类的生长及其对营养元素的利用能力与水体中相应酶活性的高低紧密联系。当前，有关藻类对营养元素利用的研究主要集中在水体“活性营养盐”可直接利用的营养盐对藻类生长的促进作用上，例如张胜花等研究了铜绿微囊藻在不同氮磷营养条件下，对正磷酸盐的利用规律，并对二者间的关系进行了探讨[80]。然而，在藻类爆发性增长时，水中的活性营养盐在某些情况下并不能完全满足藻类生长的需要，因此其将会快速被消耗，此时其他“惰性”

形态的营养盐的转化将成为藻类所需营养盐的另一重要来源。有机营养盐即为“惰性”形态营养盐之一。金相灿等对比了藻类对有机磷和无机磷的吸收特点，发现有机磷可被藻类利用，且藻类对不同形态磷素吸收的特点具有一定差异性[13]。钱善勤等探索了部分有机磷对小球藻等的影响，发现藻类对不同有机磷的利用特点有所差异[14]。Huang 等在对藻类有机磷利用过程分析后，得出碱性磷酸酶是藻类利用有机磷的主要工具；同时，国外众多研究人员也证实了酶在不同形态营养盐利用过程中的重要作用[81-83]。酶作为营养盐转换的重要催化物质，其活性的高低在一定程度上决定了藻类对营养盐的利用能力，从而进一步影响了水体富营养化的进程。

当前，关于酶在水体富营养化中的作用研究已有一些报道。由于水中酶活性与富营养化程度密切相关，水体酶活性成为了探索富营养化成因的重要方向[84]。1984 年，南斯拉夫的 Matavulj 等对 Borkovac 湖、Ludos 湖、Palic 湖、Ljukovo 湖、Zobratica 湖、Danube-Tisa-DTD 运河系统，以及 Tisa 河的水体碱性磷酸酶活性（APA）和各常规水环境指标进行了系统的监测与跟踪；研究发现，包括浮游生物的生物量、水体富营养化程度等指标与 APA 之间有显著的正相关关系。张宇等[85]对长江中下游湖泊中沉积物的主要酶活性与富营养化之间的关系进行了研究，研究表明过氧化物酶、过氧化氢酶、多酚氧化酶等酶的分布与活性均受富营养化程度的影响，因此以上各酶活性对于水体的营养化情况同样具有指示性作用。Mhamdi、Boge 等[84, 86]的研究表明，当湖泊及水库中藻类大量繁殖时，由于无机磷的迅速消耗使得水体中的磷素极度缺乏，此时磷源的缺乏大多依靠藻类分泌碱性磷酸酶对水体中的有机磷进行水解从而得以补给。研究人员对稻田中蓝藻的群落组成进行了研究，发现其种群分布受到氮素的形态及含量的影响，而这种关系由与氮循环有关的酶进行调节；在硝酸还原酶等酶的作用下，氮素将会逐步还原并最终合成有机质，从而影响不同藻类的生长[87-89]。自然界中碳素主要通过光合作用被植物所固定，研究发现，在藻类光合作用过程中，碳酸酐酶对 CO_2 的富集与固定有着重要作用，在碳酸酐酶的作用下，CO_2 作为碳源被植物利用，最终合成胞内的各类有机物[90-92]。

当前，通过酶活性以判断藻类生长状况的研究也获得了一定关注。解军等[93]对脱氢酶活性检测法在藻类检测中的应用进行了研究，通过对各实验因素和实验条件的设定，包括比色波长、萃取剂、萃取时间、pH 值、还原剂及其浓度、制作标准曲线和活性检测时的反应时间、水浴温度、终止剂、TTC

浓度等因素，从而获得在不同条件下各因素TTC-脱氢酶活性检测的影响，并以此对检测步骤进行优化；在此基础上，分析利用TTC为人工受氢体的藻类与TTC-脱氢酶活性间的关系，并进一步建立利用TTC-脱氢酶活性测定水中藻生物量的方法。Shu Harn Te等[94]采用分子生物技术和酶联免疫吸附法分别测定新加坡克兰芝热带水库中蓝藻和微囊藻生长状况随时间的变化情况，借助聚合酶链反应和定量多聚酶链反应，可以鉴定水体中的藻种及其生物量大小；检测结果表明，水库的水中存在微囊藻和鱼腥藻，其平均浓度分别为 4.16×10^6 基因/mL和 4.47×10^4 基因/mL，且二者相互关联（$P<0.01$）。

以上研究均为通过酶的活性或借助酶的作用来判断水体中藻类的生长状况，然而其未能将藻类生长、酶活性与水体中主要营养元素的形态及含量联系起来。碳循环、氮循环及磷循环是三类重要的地球化学循环，其中氮、磷为藻类生长所必需的营养元素，而碳元素为构成藻细胞有机质的重要元素，因此，这三类元素均为水体中影响藻类生长的主要元素。在不同水环境中，参与碳、氮、磷循环的相关酶种类繁多，其中最为关键的酶主要有碳酸酐酶、硝酸还原酶和碱性磷酸酶。其中碳酸酐酶在藻类生长中主要用于催化 CO_2 和 HCO_3^- 之间的转换，在无酶的作用下 CO_2 和 HCO_3^- 之间转化速率非常缓慢，而在碳酸酐酶的催化下，CO_2 和 HCO_3^- 之间的相互转化速率大大提高，从而促进藻类对碳素的固定及藻类生长[95, 96]。参与磷循环的碱性磷酸酶是一种诱导酶，当水体中无机磷含量较低时，浮游生物和细菌等将被诱导分泌大量碱性磷酸酶，从而促进水体可溶性有机磷水解并释放无机磷，供水体中藻类吸收利用，从而促进其生长[14]；另一方面，当水体溶解性活性磷（SRP）含量较高时，由于其为碱性磷酸酶的催化底物，则碱性磷酸酶活性将受到抑制，从而降低有机磷的水解速率。作为典型的氧化还原酶，硝酸还原酶对氮循环中的限速步骤起到催化作用，其可催化硝酸根还原为亚硝酸根[97-99]；硝酸还原酶广泛存在于植物、浮游生物和细菌等生物体内，对于氮素的还原及含氮有机大分子的合成起到重要的作用[100, 101]；作为整个过程的限速酶，其催化速率对硝酸盐的同化过程有重要影响[102, 103]。以上酶的催化底物均为有机物、硝酸盐、二氧化碳等藻类难以直接吸收的物质，在藻类生长过程中由于缺乏可直接利用的营养元素，而这类物质将会被酶催化转变为可被藻类直接吸收的活性营养物质。因此，酶的分布往往反映了水体营养元素的形态分布、营养元素的浓度以及藻类对营养物质的需求等。在无机营养缺乏时，酶的活性会升高，其原因为：浮游植物为获得更多的营养，可大量分泌酶促进难吸收物质转化为可直接利用的营养物质，从而满足浮游植物生长的需求[104]。基于这个特点，有报道指出，水体中酶浓度及其活性可作为判断营养元素是否缺乏的依据[15, 86]。并且，S. Newman 等人通过研究湿地富营养化中碱性磷酸酶活性的分布规律，认为酶的活性可作为富营养化的早期指示物，在富营养化预测中具有一定的潜在应用价值[105]。因此，将水体中碳酸酐酶、硝酸还原酶、碱性磷酸酶作为碳、氮、磷元素含量的指示物，并进一步将酶活性作为藻华的早期预警指标的研究有待深入开展。

基于酶活性在富营养化中的潜在应用价值，富营养化中酶活性的影响因素值得进一步研究。调节酶活性的因素一般包括六个方面，即水温、pH、底物浓度、酶浓度、激活剂以及抑制剂[12]。而目前人们主要集中关注于营养元素即底物浓度对酶活性的调节作用。一般认为，营养盐浓度在藻类快速增殖过程中对酶活性的调节十分重要，营养盐底物的增加可以诱导酶的产生与分泌[15, 16]。因此，酶活性的大小可以对水体中营养物质浓度高低起到指示性作用。同时，酶活性的大小还能够对浮游生物有关营养物质的利用程度及各营养物质有关浮游生物生长的相对贡献进行指示。然而，水体中酶活性的大小受到众多因素的影响，除底物浓度外，其他因素的影响也不可忽视，将各酶活性的影响因素结合起来研究酶活性的变化规律有待开展。

在本书中，嘉陵江主城段水体作为三峡库区回水区内的水域，其消落带水环境条件受到三峡水库蓄水量的影响，因而藻华爆发的频率也大幅上升，爆发种类及季节均较蓄水前有显著变化。自 2009 年持续至今的 175 m 试验性蓄水，为嘉陵江主城区的水质及生态保护带来了持续性的考验。为了解决嘉陵江主城段乃至三峡库区内的富营养化问题，研究人员在水文特征、营养盐浓度等因素变化对藻类生长的影响程度方面进行了大量研究，然而并不能完全解释库区内藻华的爆发规律。因此，本书将三峡库区嘉陵江主城段作为研究对象，通过对嘉陵江主城段水体中藻类营养盐利用过程中所涉及的常见酶活性进行调查研究，结合实验室模拟实验的验证，从酶学、分子学等多个角度，对河道型水库中藻华的机理、藻类对水中营养物质的利用机制等进行探讨。并且得出了各环境因素对嘉陵江主城段水体藻华的综合影响方程，在此基础上建立了藻华易发期藻华预测模型，证实了水体酶活性不仅可以作为水体富营养化的判断依据，还能够作为藻华的早期预警指标，从而为科学预测河道型水库次级河流中各时期藻华的产生，采取相应措施从而减少其带来的负面影响提供了新的手段，为保障主城区饮用水源及保护水生态提供了理论依据。

1.4 内容概要

本书旨在以嘉陵江重庆主城段消落带水体为例，通过对嘉陵江主城段自然水体中常规环境指标、碳氮磷形态及含量、主要金属离子浓度、碳酸酐酶活性、硝酸还原酶活性、碱性磷酸酶活性，以及藻生物量及种类的调查，阐明各环境指标、营养盐含量及金属离子浓度对酶活性的影响机理，分析酶活性与藻生物量之间的调控关系；并以碱性磷酸酶为研究对象，分析不同参数对其的调控影响，对原位实验进行验证和补充，以期完善水体酶活性的变化机理及酶活性对藻类生长的影响机理，并得到基于水体碱性磷酸酶活性的藻华预测模型，从而为以嘉陵江主城段为代表的三峡库区回水区次级河流消落带水体藻华预测及监控提供理论支持。

1.4.1 本书主要内容

本书主要内容可归为以下三点：

1. 嘉陵江主城段原位水样监测与分析

本部分主要针对原位水样，考察其各基础水质指标参数、营养盐浓度、典型酶活活性及藻生长特征，并对其相互之间的内在联系进行研究，具体包括以下内容。通过对现场污染情况及水利条件的考察，结合以往水华爆发情况，在嘉陵江主城段取四个采样点作为研究对象，在长江取一个采样点作为对照样。现场测定水温（T）、流速（V）、pH、溶解氧（DO）、透明度（SD）五个基础指标，实验室测定高锰酸盐指数（COD_{Mn}）及主要金属离子浓度。对水体中碳、氮、磷的形态和分布进行测定，掌握不同形态的C、N、P元素的浓度变化规律、上下阈值及不同成分的组成比例。对水体中碳酸酐酶、硝酸还原酶、碱性磷酸酶的活性进行检测，掌握其变化规律。对叶绿素a（Chla）进行测定，对藻类进行镜检分类、计数，通过流式细胞仪进行初步验证，掌握藻生物量的年变化规律及微藻种群组成特征。通过双变量相关性分析及偏相关分析，对不同参数之间的内在联系进行分析，并筛选出不同酶活性及藻生物量各自的影响参数，通过回归分析对酶活性、藻生物量及其各自的影响参数之间进行拟合。

2. 酶活性调控规律及藻类生长机理验证研究

选取藻华典型藻种尖针杆藻、铜绿微囊藻进行培养，以碱性磷酸酶为研究对象，分别研究不同无机磷酸盐浓度、有机磷浓度下的藻生物量变化规律及碱性磷酸酶活性变化规律。并通过选取藻类生长典型影响因素，设置不同浓度梯度，研究不同条件下藻类的生长规律、各因素对碱性磷酸酶活性的影响规律，以及藻类对营养盐的利用特点，从而得到不同环境条件下藻类的生长机理、营养盐利用机理，得出不同条件下藻类与碱性磷酸酶酶活之间的关系，从而对原位水样相关实验结果进行验证。

3. 酶活及藻华的统计分析及建模

结合原位水样数据和实验室进一步研究所得数据，通过相关性分析、主成分分析及回归分析等统计学手段，建立以“抑制-诱导”原理为基础的藻类生长过程中碱性磷酸酶活性计算模型，并进一步以酶活活性为基础，结合其他藻密度影响因素，建立藻华的综合影响方程及藻华易发期藻华预测模型。

1.4.2 本书创新点

（1）对以嘉陵江主城段为代表的三峡库区次级河流回水区消落带水体中碳酸酐酶活性、硝酸还原酶活性、碱性磷酸酶活性进行了研究，得到了三种酶活性的变化规律及其与各自影响因素间的内在联系；并将酶活性等微观生化指标与水文等宏观指标相结合，建立起以酶活性为重要指标的藻类生长评估体系，实现了利用酶活性对水体营养状况的科学评估。

（2）通过研究水体中营养盐利用关键酶活性变化、碳氮磷营养盐浓度及形态变化、金属离子浓度变化，从酶学水平阐述了藻华爆发机制，为针对性地解决藻华问题提供了实验依据。

（3）综合宏观和微观实验结果，提出了以酶活性为基础且涵盖多指标影响的藻华影响综合模型及藻华易发期藻华短期预测模型，为藻华的科学预警提供了新的理论依据。

第 2 章　嘉陵江主城段消落带水文、水质及营养条件

2.1　引　言

嘉陵江是长江的重要支流之一，其发源于秦岭北麓，沿途流经陕西省、甘肃省、四川省和重庆市，并于重庆市主城区的朝天门处汇入长江。三峡库区于 2012 年开始实行“蓄清排浊”的蓄水方案，在每年的丰水期间为了满足防洪要求，库水位将降至最低的 145 m；同时，为了满足发电要求，枯水期水位将会蓄水到 175 m，因此，一年中将形成垂直落差高达 30 m 的水库消落带[106, 107]。三峡库区消落带面积变化、水位落差大，且其冬季高水位、夏季低水位的特征与自然的洪枯规律相反，因此，巨大的水文变化带来了水体环境的巨大变化。同时，由于岸边消落带往往存在缓流的库湾以及部分静水区，且容易受到雨污排放及人为活动的影响，因此消落带水体相对江心水体更易产生富营养化现象，其水环境及生态问题值得人们投入更多关注。

本章主要针对三峡库区嘉陵江主城段消落带水体的富营养化问题，进行了长达一年时间的系统跟踪。主要研究了嘉陵江主城段水文特征的年度变化规律、常规水质指标的年度变化规律、主要金属离子浓度年度变化规律及碳、氮、磷营养盐形态及浓度年变化规律。通过本章的研究，得到了在“蓄清排浊”的蓄水方案下，嘉陵江主城段消落带水体的水文、水质等参数的年变化情况；并通过进一步数据分析，掌握不同指标之间的内在相关性，为深入了解嘉陵江主城段消落带水体水环境情况提供了理论支持。

2.2　采样点分布及实验过程

2.2.1　研究区域及采样点分布

本书以三峡库区回水区内的嘉陵江主城段为研究对象，自磁器口至朝天门全长 17 km，研究区域如图 2.1 所示。为了同时满足防洪和发电的需求，

三峡大坝水位经人为分成了三个调控阶段：六月至九月为汛期（flood stage），在此期间为了腾出防洪库容，水位将会降至 145 m。从十月上旬至一月上旬为蓄水期（impounding stage），水位较为迅速地上升至 175 m 并保持一段时间，以满足发电需求。从一月下旬至五月为消落期（discharging stage），水位将会先降至 155 ~ 165 m 范围内，之后再逐渐降至 145 m。由于嘉陵江主城段处在三峡库区回水区内，因此其水文特征也被相应分成了三个阶段：汛期流速较快（>0.1 m/s），其流态类似自然河道；蓄水期流速十分缓慢（<0.04 m/s），并在岸边消落带出现大量库湾及静水区，为类湖泊型水体；消落期流速介于二者之间（0.04 ~ 0.15 m/s），为过渡型流态[108-110]。

综合考虑嘉陵江主城段不同位置的水文特征与藻华爆发特征[73, 111]，本书在嘉陵江主城段自上游至下游共选择了 4 个采样点："磁器口"（N29°35′2.4″，E106°27′00″）、"化龙桥"（N29°32′56.4″，E106°31′19.2″）、"大溪沟"（N29°33′57.6″，E106°33′32.4″）以及"朝天门"（N29°33′54″，E106°35′6″）。同时，在两江交汇口长江侧选取了一个采样点作为对照，记为"长江"（N29°34′16″，E106°35′46″）。所有采样点均位于富营养化敏感区域，并且在设置方面考虑到附近的点源污染及人为活动情况等因素。

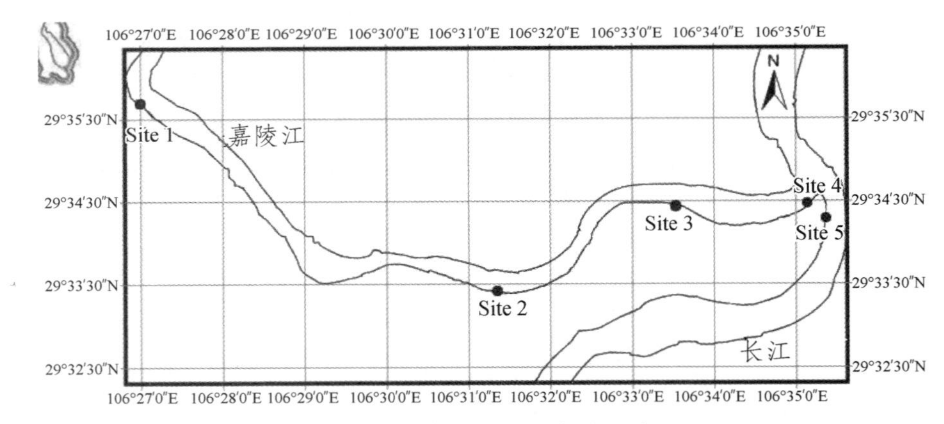

图 2.1　研究区域及采样点分布

2.2.2　采样过程简述

本书中原位水样研究持续一年，采样频率为 3—5 月份原位采样每周 1 次，其他时期每 2 周 1 次。水样均通过有机玻璃采水器采自离河岸两米处。由于消落带水体较浅，所有水样均为表层（0.2 m）、1 m 及 2 m 深度处同体积水样的混合样，并作为消落带水体用以进一步分析。在每个采样点处分别用棕色玻璃器皿采集 1 500 mL 水样用于生物类分析，用聚乙烯瓶采集 1 000 mL 水样用于常规水质分析。所有样品采集后均迅速置入 4 °C 恒温箱，并在 24 小时内进行进一步分析。本书中所有原位水样均采集自 2013 年 11 月至 2014 年 10 月期间。

2.2.3 实验过程简述

三峡库区水位数据均查询自中国长江三峡集团官方网站[112]。水体实时流速（V）通过便携式流速仪现场测定，所有流速均为表面水体流速。水体实时温度（T）以及溶解氧（DO）均通过 Hach-LDO 便携式溶解氧测定仪现场测定，水体 pH 均通过 Hach-GLI pH/ORP 便携式 pH 计现场测定，以上数据均为 0.2 m、1 m、2 m 水深处实时数据的平均值。透明度（SD）通过赛氏盘法现场测定。水体镁、锌、铁金属元素含量采用“火焰原子吸收法”通过外送测定。

高锰酸盐指数（COD_{Mn}）通过草酸钠酸式滴定法测定。称取 6.705 g 草酸钠固体，并用蒸馏水定容至 1 L 制得草酸钠贮备液，称取 3.2 g 高锰酸钾并用蒸馏水定容至 1 L 制得高锰酸钾贮备液，将二者分别用蒸馏水稀释十倍从而分别制得各自的标准溶液。用 50 mL 移液管取 25 mL 水样于锥形瓶中，再用 100 mL 量筒取 75 mL 蒸馏水于锥形瓶中，用 5 mL 移液管取 5 mL“1 + 3 硫酸”于锥形瓶中，再用 5 mL 移液枪分两次加 10 mL 高锰酸钾标准液于锥形瓶中。摇匀，每隔 5 min 将样品依次置于 98 °C 水浴锅中，恒温反应 30 min 后再依次取出，用 5 mL 移液枪分两次加 10 mL 草酸钠标准液于锥形瓶中，待溶液变无色后，用高锰酸钾标准液滴定至出现粉红色并不褪色时为止，记录滴定管读数。

水体生物量通过分析叶绿素 a 含量确定，叶绿素 a 测定采用“反复冻融法”。首先，将 100 mL 水样通过 0.45 μm 醋酸纤维滤膜过滤，将藻细胞收集于滤膜之上，并将其对折装入封口袋中，避光于 − 20 °C 于室温下反复冻融 5 次，其中冰冻时间为 20 min，解冻时间为 5 min。将反复冻融后的滤膜置于装有 10 mL 丙酮（90%）的离心管中，避光条件下振荡至滤膜完全溶解；并继续将离心管置于 4 °C 环境中浸提 5 小时后，于 4 000 r/m 条件下离心 15 min，在 630 nm、645 nm、663 nm、750 nm 波长处测定上清液的吸光度，并通过下式进行计算：

$$C(\mathrm{Chla}) = \frac{[11.64\times(D_{663}-D_{750})-2.16\times(D_{645}-D_{750})+0.10\times(D_{630}-D_{750})]\cdot V_1}{V\cdot L} \quad (2.1)$$

式中，V 代表水样体积（L），D 代表吸光度，V_1 代表提取液体积（mL），L 代表比色皿光程（cm）。

如图 2.2 所示，水体总碳（TC）含量、总有机碳（TOC）含量采用燃烧氧化-非分散红外吸收法并通过总有机碳测定仪检测。水体溶解性总碳（TDC）、溶解性有机碳（DOC）含量均通过将水样用 0.45 μm 玻璃纤维滤膜过滤后，使用总有机碳测定仪检测得出。总颗粒碳（TPC）、总无机碳（TIC）、溶解性无机碳（DIC）、颗粒无机碳（PIC）、颗粒有机碳（POC）均通过以下公式计算得出：

$$\text{TPC} = \text{TC} - \text{TDC} \tag{2.2}$$

$$\text{TIC} = \text{TC} - \text{TOC} \tag{2.3}$$

$$\text{DIC} = \text{TDC} - \text{DOC} \tag{2.4}$$

$$\text{PIC} = \text{TIC} - \text{DIC} \tag{2.5}$$

$$\text{POC} = \text{TOC} - \text{DOC} \tag{2.6}$$

水体 CO_2 含量通过“酚酞滴定法”测定。称取 1 g 酚酞溶于 100 mL 95%的乙醇中，用 0.1 mol/L 氢氧化钠溶液滴至出现淡红色，制得 1%酚酞指示剂。称取 60 g 氢氧化钠溶于 50 mL 水中，冷却后移入聚乙烯细口瓶中密闭静置一周，取上清液 1.4 mL 稀释至 1 L，制得 0.01 mol/L 的氢氧化钠标准溶液。取 100 mL 水样加入 4 滴酚酞指示剂并小心混合均匀，迅速滴加氢氧化钠标准溶液并小心振荡，直至水样出现淡红色。记录氢氧化钠标准溶液滴定量，水体二氧化碳含量由下式可得：

$$\rho(\text{CO}_2)\,(\text{mg/L}) = \frac{C \cdot V_1 \times 44}{V} \times 1\,000 \tag{2.7}$$

式中，C 为氢氧化钠标准溶液浓度（mol/L），V_1 为氢氧化钠标准溶液用量（mL）。

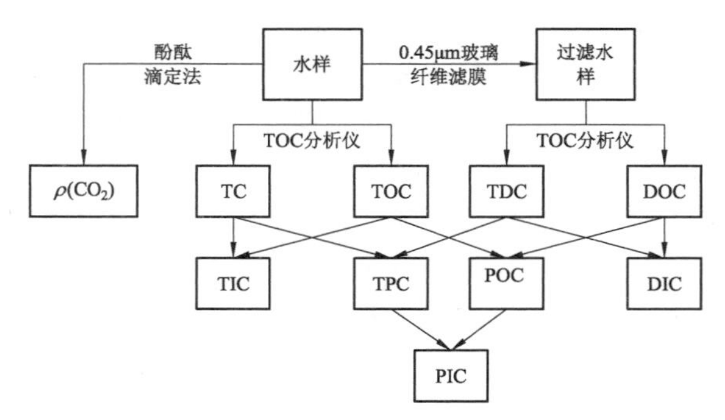

图 2.2　水体碳素测定流程图

水体总氮（TN）含量通过将水样硝解后，用“紫外分光光度法”测定。将 40 g 过硫酸钾与 15 g 氢氧化钠溶于无氨水中，稀释至 1 L 制得碱性过硫酸钾溶液。用比色管取 15 mL 水样并加入 5 mL 碱性过硫酸钾，密封后置于蒸气锅内加热，在 120 °C 下保持半小时后取出冷却，加入 1 mL“1 + 9”盐酸并加水至 25 mL，摇匀静置 20 min 后于 220/275 nm 波长下测得相应吸光度值，并对比标准曲线求得相应总氮含量。水体硝氮（NO_3^--N）含量测定方法与 TN 测定相同，区别为水样需经 0.45 μm 滤膜过滤，无须硝解。如图 2.3 所示，水体亚硝氮（NO_2^--N）含量通过“萘基乙二胺分光光度法”测定。取 250 mL 二蒸水与 50 mL 磷酸混合，将 20 g 对氨基苯磺酰胺及 1 g 萘基乙二胺盐酸盐依次溶于其中，加水稀释至 500 mL 并混匀，制得亚氮显色剂。取 0.45 μm 滤膜抽滤后水样 50 mL，加入亚氮显色剂 1 mL，静置 20 min 后在 540 nm 波长下测得相应吸光度值，对比标准曲线求得亚氮含量。水体氨氮（NH_4^+-N）含量通过“纳氏试剂分光光度法”测定。称取 50 g 酒石酸钾钠溶于 100 mL 水中，加热煮沸以去除氨氮，冷却并定容至 100 mL 制得酒石酸钾钠溶液。称取 16 g 氢氧化钠溶于 50 mL 水中，冷却至室温；称取 7 g 碘化钾与 10 g 碘化汞溶于水，在搅拌条件下将其缓缓注入 NaOH 溶液中，定容至 100 mL 制得纳氏试剂。取 0.45 μm 滤膜抽滤后水样 50 mL，依次加入 1 mL 酒石酸钾钠溶液、1.5 mL 纳氏试剂后摇匀静置 10 min，在 420 nm 下检测吸光度，对比标准曲线后求得氨氮含量。

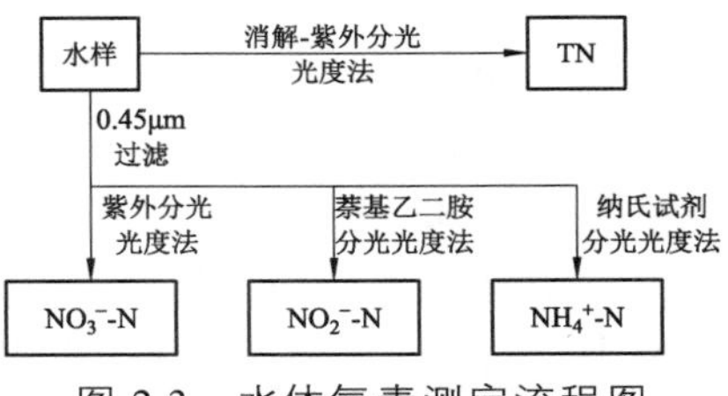

图 2.3　水体氮素测定流程图

水体总磷（TP）含量、溶解性正磷酸盐（SRP）含量、溶解性总磷（TDP）含量均通过钼锑抗分光光度法测定，其区别在于 TP 需要预先对水样进行硝解，SRP 需要预先对水样用 0.45 μm 滤膜进行过滤，TDP 需要对水样先过滤后硝解才能进行下一步测定。取 10 g 抗坏血酸稀释定容至 100 mL 制得抗坏血酸溶液；取钼酸铵 13 g、酒石酸锑氧钾 0.35 g 分别稀释至 100 mL，将钼酸铵溶液缓慢加入 300 mL“1 + 1”硫酸中，再加入酒石酸锑氧钾溶液混匀，从而制得钼酸盐溶液。取水样经相应处理或直接稀释至 50 mL，加入 1 mL 抗坏血酸溶液，30 s 后，加入 2 mL 钼酸盐溶液并充分混匀，静置 15 min 后于 700 nm 波长下测定吸光度，对比标准曲线求得各磷形态含量。水体中可酶解磷（EHP）通过催化量差法测定。取 60.55 gTris、400 mL 二蒸水、20 mL 浓盐酸定容至 500 mL，制得 1 mol/L 的 Tris 缓冲溶液（pH = 8.4）。将 100 mL 水样放入具塞、灭菌的三角烧瓶中，加入 1 mL 1 mol/L 的 Tris 缓冲溶液及 5 mL 氯仿，在 30 °C 恒温条件下处理 6 d。通过测定处理前后水体中 PO_4^{3-} 的浓度差，即可计算出水样中的 EHP 含量，如图 2.4 所示。此外，水体溶解性有机磷（DOP）和颗粒磷（TPP）通过以下公式计算而得：

$$DOP = TP - SRP \quad (2.8)$$

$$TPP = TP - TDP \quad (2.9)$$

其中，SRP 近似等于溶解性无机磷（DIP）。

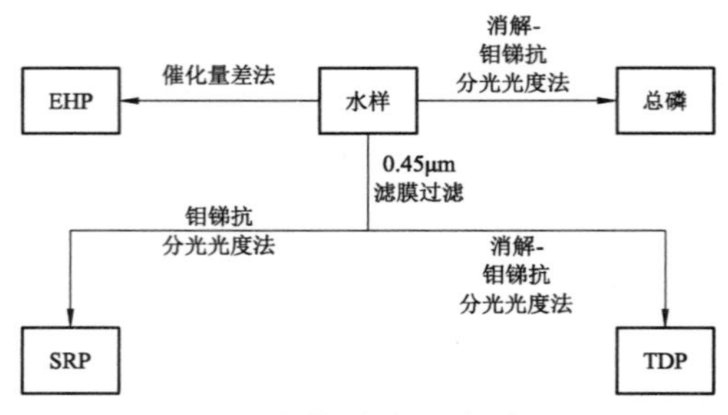

图 2.4　水体磷素测定流程图

以上各项水质指标测定方法除 EHP 外，均参考《水和废水监测分析方法》（第四版增补版）[113]。

2.2.4　统计分析

本书中数据通过 SPSS version 20.0 分析，并以“均值 ± 标准差”形式表示。所有数据均通过“Shapiro-Wilk 检验”以判断是否符合正太分布；由于 V、DOC、SD、DO、Chla、COD_{Mn}、Zn、EHP、DOP、SRP、PP、TP、TN 不符合正态分布，因此在不同采样点数据之间的显著性差异检验中，对这部分数据采取“独立样本 Kruskal-Wallis 检验”，而对其他参数则采取“one-way ANOVA”检验，二者均采用 $P<0.05$ 作为显著性（Sig.）水平。为了解释不同参数之间的内在联系，本书通过“Spearman 相关性检验”，在 $P<0.05$ 的水平下得到不同参数之间的相关性矩阵，同时利用回归分析对相关参数之间进行曲线拟合，以得到相应关系式。此外，本书中采用嘉陵江四个采样点的平均值作为嘉陵江主城段相应参数的数据，用以与长江中对应参数做对照。

2.3　主要水文及水质条件

2.3.1　水文变化情况

根据三峡库区“蓄清排浊”的蓄水方案，枯水期蓄水发电，而丰水期腾出库容用于防洪，因此根据水位的高低将一年相应地划分为三个不同时期：1

月下旬至 5 月为消落期（discharging stage），6 月至 9 月为汛期（flood stage），10 月上旬至 1 月上旬为蓄水期（impounding stage）。在 2013 年 11 月至 2014 年 10 月间，库区的实际调蓄情况与方案基本吻合，具体情况为：2 月下旬至 5 月上旬为消落期，5 月下旬至 9 月为汛期，10 月上旬至 2 月上旬为蓄水期。由图 2.5 可知，在消落期阶段水位在 155 ~ 165 m 间持续波动，并在末期开始下降；在汛期阶段水位持续下降至 145 m 全年最低水位，大部分时间水位均处在 150 m 水位以下，末期开始迅速上升；蓄水期阶段水位持续上升至 175 m 并保持一段时间，末期开始逐渐下降至 165 m。同时，图 2.5 表明在 2013 年和 2014 年连续两年间，三峡库区水位均成功蓄水至 175 m。

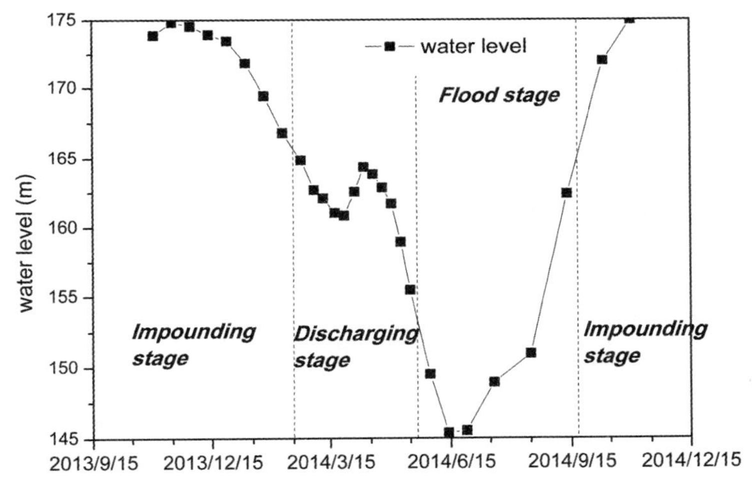

图 2.5　2013.11—2014.10 三峡库区实际蓄水水位

如图 2.6（a）所示，嘉陵江及长江全年流速范围分别为 0.011 3 ~ 0.355 m/s 和 0.042 ~ 1.346 m/s，平均值分别为（0.084 5 ± 0.085 4） m/s 和（0.498 ± 0.420）m/s。对嘉陵江和长江流速数据进行 Kruskal-wallis 检验（$n = 28$，$P<0.05$），结果表明嘉陵江和长江流速之间存在显著性差异，如图 2.6（b）所示。由于长江流量要大于嘉陵江，同时二者间河面宽度和河流断面的差距相对流量的差距更小，因此长江流速要显著高于嘉陵江流速。根据 Qiang 的研究[114]，三峡库区内的持续降雨将会导致流量显著增大，从而使流速相应增大，而 Lian 的描述指出[115]，三峡大坝蓄水水位的上升将会明显减缓库区内回水区内水体的流动；因此，三峡库区河流的流速主要受到两大因素影响，分别为区域内降雨量和库区蓄水水位。从图 2.6（a）中可以看出：三月份和六月份均出现了波

峰，这与这两个时间段内出现的强降雨相印证。另一方面，由于冬季水位较高、夏季水位较低，使得水体在冬季和夏季分别呈现出类湖泊流态和自然流态。在这两个因素的共同作用下，使得主城区嘉陵江和长江流速均表现出夏季高流速、冬季低流速的特点。进一步分析表明，嘉陵江主城段蓄水期期间流速较低，最低值出现在 10 月 31 日为 0.011 3 m/s，平均为（0.021 ± 0.009）m/s；消落期期间流速缓慢上升，平均为（0.077 ± 0.026）m/s；汛期期间流速较高，流速先上升至最高点 0.355 m/s（2014 年 6 月 27 日）后下降，平均为（0.205 ± 0.079）m/s。另一方面，由于嘉陵江主城段自上游至下游河道逐渐变宽，因此从磁器口至朝天门其流速总体呈现下降趋势［见图 2.6（b）］。

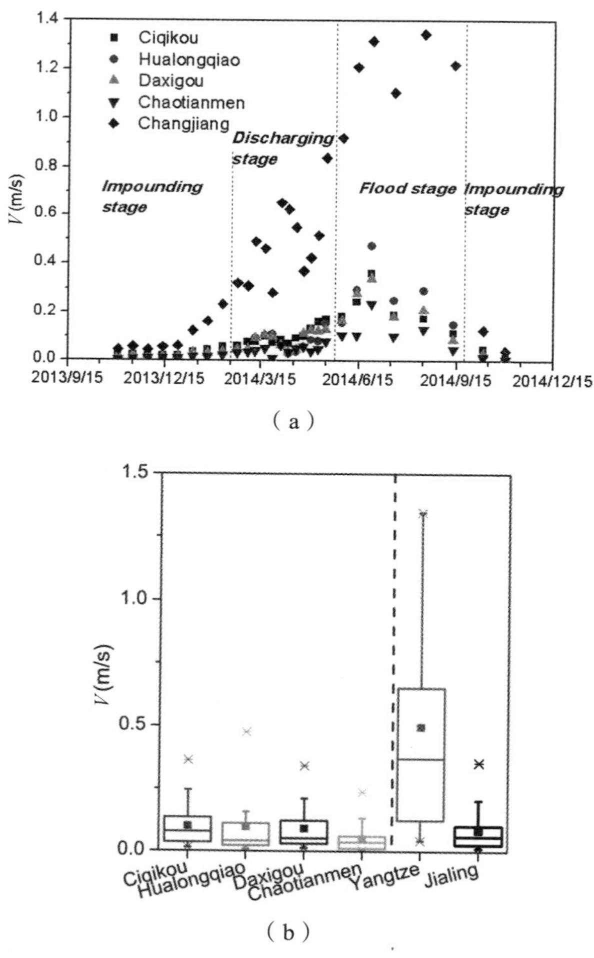

图 2.6　不同采样点流速变化情况（a）及对比情况（b）

2.3.2　常规水质指标变化规律

如图 2.7（a）所示，嘉陵江及长江全年水温变化范围分别为 9.85 ~ 29.9 °C 和 10.2 ~ 28.8 °C，平均值分别为（18.133 ± 5.772）°C 和（18.104 ± 5.219）°C。对嘉陵江和长江流速数据进行 ANOVA 检验（$n = 28$，$P<0.05$），结果表明：嘉陵江和长江流速之间并无显著性差异，如图 2.7（b）所示。嘉陵江主城段及长江主城段所处地域接近、环境气温相似，同时气温又是水体温度的

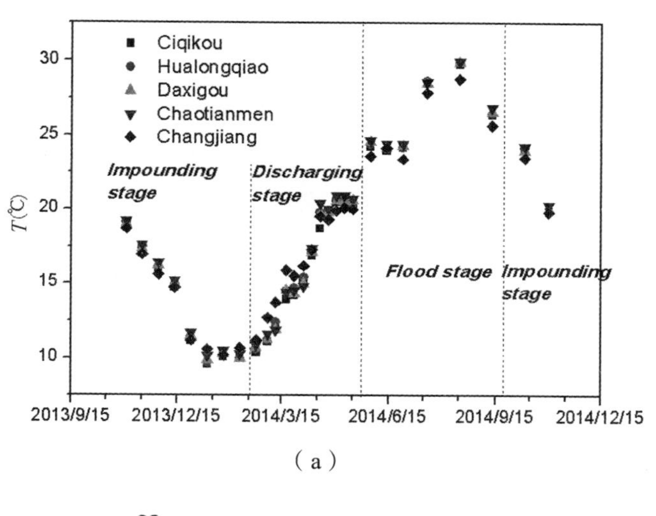

（a）

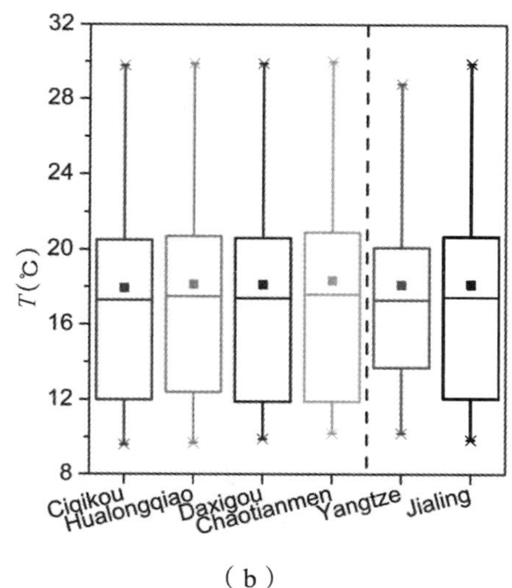

（b）

图 2.7　不同采样点水温变化情况（a）及对比情况（b）

主要影响因素，因此二者的水温也十分接近[114]。在蓄水期期间，嘉陵江水体温度呈现持续下降的趋势，并于 1 月 10 日取得最低值 9.85 °C，平均值为（15.34 ± 4.66）°C；消落期期间水温持续上升，平均值为（16.35 ± 3.70）°C；汛期期间水温经历了先升后降的变化过程，最高温度为 29.9 °C（2014 年 8 月 15 日），平均值为（26.35 ± 2.24）°C。另一方面，由于城区温度较高，且受到温度较高水体的汇入等城市热源的影响[116],从上游至下游嘉陵江水体温度呈现出小幅上升趋势［见图 2.7（b）］。

如图 2.8（a）所示，嘉陵江及长江全年水体溶解氧变化范围分别为 6.66 ~ 10.11 mg/L 和 7.24 ~ 10.24 mg/L，平均值分别为（8.07 ± 1.18）mg/L 和（8.45 ± 0.95）mg/L。对嘉陵江和长江溶解氧数据进行 ANOVA 检验（$n = 28$，$P<0.05$），结果表明：嘉陵江和长江水体溶解氧之间并无显著性差异，如图 2.8（b）所示。由于水中气体的溶解度会随着温度的升高而降低[117]，因此水体溶解氧的主要影响因素为水温，其含量变化特征与其他气体一致，会随着水温的升高而降低。由于主城区嘉陵江与长江水温无显著差别，因此二者的水体溶解氧含量也十分接近。由于夏季水温高，因此溶解氧含量较低，而冬季水温低使得溶解氧含量较高。进一步分析表明，在蓄水期期间水体溶解氧呈现持续上升的趋势，并于 2 月 7 日取得最大值为 10.11 mg/L，蓄水期溶解氧平均值为（8.28 ± 1.26）mg/L；消落期期间溶解氧随水温升高而持续下降，平均值为（8.41 ± 1.08）mg/L；汛期期间水体溶解氧先降至最低水平 6.66 mg/L（2014 年 8 月 15 日），而后缓慢回升，期间平均值为（7.02 ± 0.27）mg/L。另一方面，由于从磁器口至朝天门段水温的不断上升，溶解氧相应地呈现出一定程度的下降趋势［见图 2.8（b）］。

如图 2.9（a）所示，嘉陵江及长江全年水体 pH 值变化范围分别为 7.61 ~ 8.29 和 7.56 ~ 8.25，平均值分别为（7.96 ± 0.18）和（8.00 ± 0.18）。对嘉陵江和长江 pH 数据进行 ANOVA 检验（$n = 28$，$P<0.05$）得出：嘉陵江和长江水体 pH 值之间并无显著性差异，如图 2.9（b）所示。天然水体 pH 的影响因素较多，温度、水体污染物及水生生物等均会对 pH 产生一定影响，而其主要影响因素仍然是不同流域内的地理地质情况；在风化、淋溶等作用下，该流域内典型物质将随水体大量进入河流和湖泊，而这类物质决定了河流湖泊 pH 的基值范围[118]。嘉陵江与长江主城段流域内地质成分较为相似，因此其 pH 值也无显著性差异。在多个因子的影响下，嘉陵江与长江水体 pH 值呈现出

相似的变化。具体分析表明，蓄水期期间嘉陵江水体 pH 值呈现持续下降趋势，并在 2014 年 1 月 24 日出现最低值 7.61，而后小幅上升，整个蓄水期期间 pH 均值为（7.77 ± 0.11）；消落期期间水体 pH 先上升后下降，并在 2014 年 3 月 26 日出现全年最高值 8.29，消落期期间水体 pH 均值为（8.06 ± 0.12）；汛期期间水体 pH 呈现缓慢上升趋势，并始终保持在较高水平，期间 pH 均值为（8.08 ± 0.06）。可以发现嘉陵江和长江主城段的水体均为弱碱性。另一方面，由于城市面源及点源污染的汇入，嘉陵江自磁器口至朝天门段水体 pH 值呈现小幅下降[119]［见图 2.9（b）］。

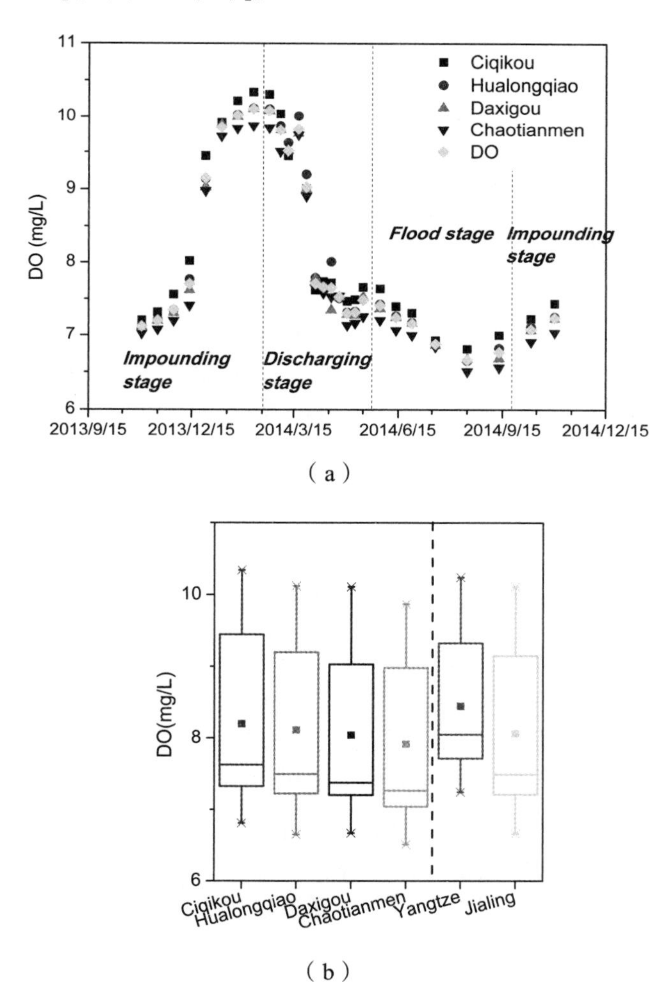

图 2.8　不同采样点溶解氧变化情况（a）及对比情况（b）

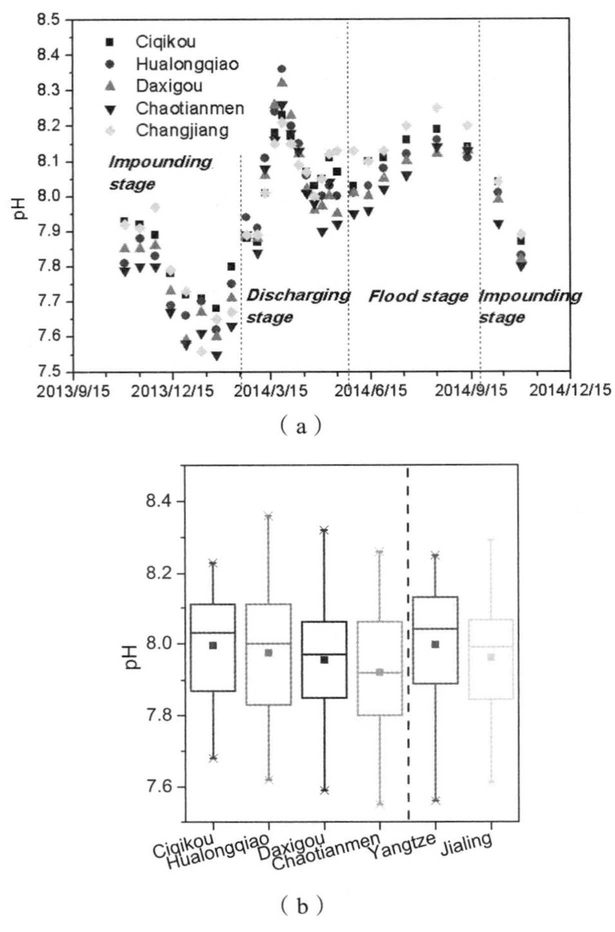

图 2.9　不同采样点 pH 变化情况（a）及对比情况（b）

如图 2.10（a）所示，嘉陵江及长江全年水体透明度变化范围分别为 0.60 ~ 1.50 m 和 0.30 ~ 1.20 m，平均值分别为（1.21 ± 0.24）m 和（0.77 ± 0.29）m。对嘉陵江和长江 SD 数据进行 Kruskal-wallis 检验（n = 28，P<0.05），发现嘉陵江和长江水体 SD 存在显著性差异，如图 2.10（b）所示。水体透明度的影响因素很多，包括流速、外源污染及水生生物等均会起到一定作用[120]。结合流速以及透明度的变化趋势，可以发现在嘉陵江及长江主城段中，透明度主要受到流速的影响，高流速带来的泥沙会使得透明度显著下降。因此，长江的透明度要明显低于嘉陵江水体透明度。同时二者均呈现冬季透明度高、夏季透明度低的特点。进一步分析表明，在蓄水期期间水体透明度呈现先上升后下

降的趋势，平均透明度为（1.35 ± 0.08）m，总体保持较高水平；消落期期间水体透明度波动剧烈，并在 2014 年 4 月 24 日出现最大值 1.50 m，平均透明度为（1.22 ± 0.16）m；汛期期间透明度先降至最低值 0.60 m（2014 年 6 月 27 日），之后缓慢回升，平均透明度为（0.98 ± 0.18）m。此外，从磁器口至化龙桥段透明度出现了一定程度下降，而从化龙桥至朝天门段透明度逐渐上升，可以推断出除流速外污染物等也是影响透明度的重要因素之一［见图 2.10（b）］。

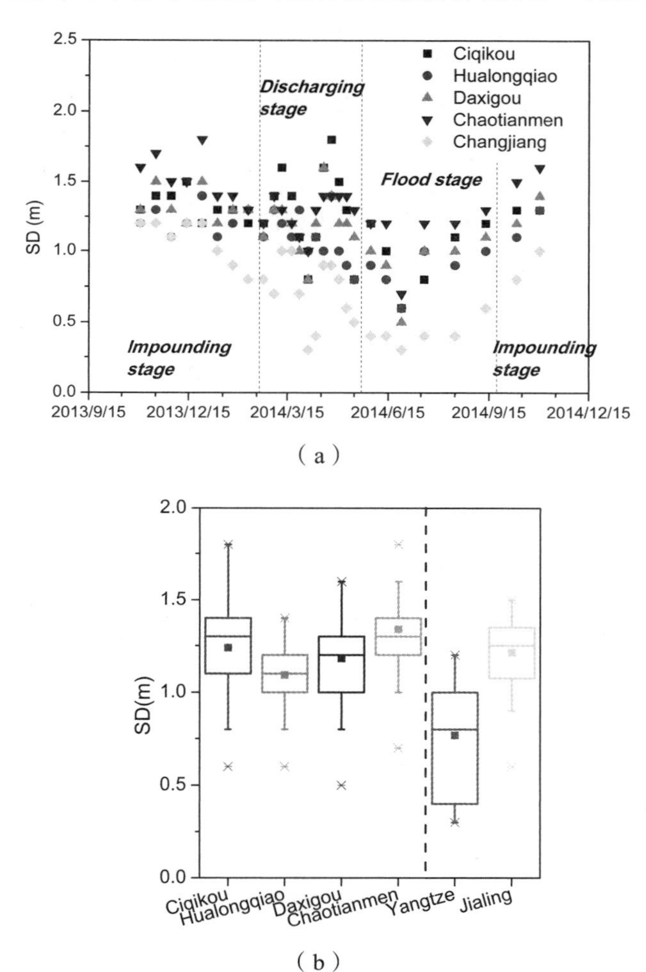

图 2.10　不同采样点 SD 变化情况（a）及对比情况（b）

如图 2.11（a）所示，嘉陵江及长江全年水体高锰酸盐指数变化范围分别为 2.16 ~ 6.30 mg/L 和 1.63 ~ 5.84 mg/L，平均值分别为（3.67 ± 1.21）mg/L

和（3.04 ± 1.22）mg/L。对嘉陵江和长江 COD_{Mn} 数据进行 ANOVA 检验（$n = 28$，$P<0.05$），发现嘉陵江和长江水体 COD_{Mn} 无显著性差异，如图 2.11（b）所示。水体高锰酸盐指数在一定程度上代表水体污染的严重程度，其主要来源包括点源污染及面源污染两个方面。嘉陵江主城段水体 COD_{Mn} 呈现冬季低夏季高的特点，而夏季的降雨要显著高于冬季，由于面源污染与降雨存在一定的正相关性[121]，因此嘉陵江主城段水体中的 COD_{Mn} 主要受面源污染的影响，而水体的点源污染在一年中的变化幅度相对较小。具体来看：在蓄水期期间，COD_{Mn} 呈现先下降后上升的特点，在 2014 年 11 月 15 日取得最低值 2.16 mg/L，蓄水期平均值为（2.95 ± 0.70）mg/L；消落期期间水体 COD_{Mn} 波动幅度较大，平均值为（3.37 ± 0.56）mg/L；汛期期间水体 COD_{Mn} 整体维持在较高水平，平均值为（5.50 ± 0.47）mg/L，最高值为 6.30 mg/L（2014 年 7 月 18 日）。此外，嘉陵江从磁器口至朝天门水体 COD_{Mn} 呈现逐步下降趋势，这可能与水体的自净及部分污染物的沉降存在一定关系［见图 2.11（b）］。

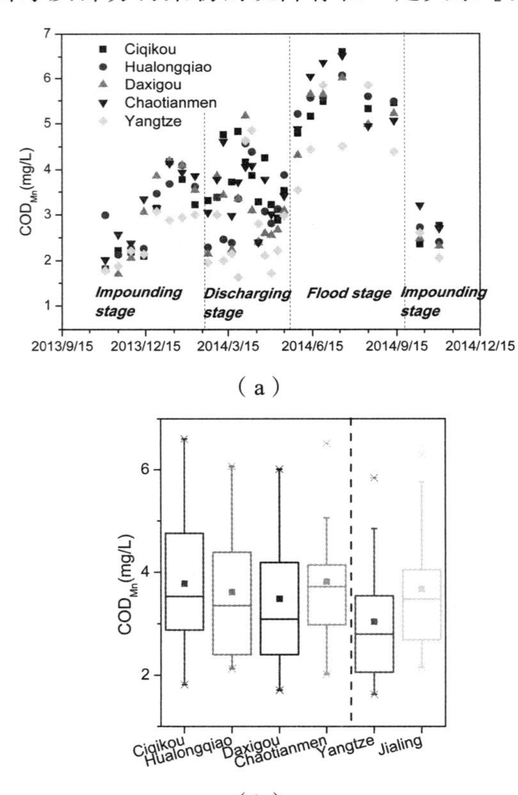

（a）

（b）

图 2.11　不同采样点 COD_{Mn} 变化情况（a）及对比情况（b）

如图 2.12（a）所示，嘉陵江及长江全年 Chla 含量变化范围分别为 1.25 ~ 13.40 mg/L 和 0.52 ~ 4.75 mg/L，平均值分别为（4.39 ± 3.19）mg/L 和（2.15 ± 1.12）mg/L。对嘉陵江和长江 Chla 含量数据进行独立样本 Kruskal-Wallis 检验（$n = 28$，$P<0.05$），发现嘉陵江和长江水体 Chla 含量具有显著性差异，如图 2.12（b）所示。由于 Chla 含量高低可代表水体浮游植物生物量的大小[122]，故可从图中得知：春季嘉陵江水体中浮游植物呈现出爆发性增长的特点，同时长江中的浮游植物也出现了大幅增长。按不同阶段划分，蓄水期期间嘉陵江水体 Chla 含量保持在一个较低水平，平均值为（2.01 ± 0.46）mg/L，且在 1 月 10 日有最低值 1.25 mg/L；消落期期间出现 Chla 含量出现大幅波动，在 3 月 26 日出现波峰并有最高值 13.40 mg/L，消落期平均值为（7.07 ± 3.09）mg/L；汛期期间嘉陵江 Chla 含量较消落期出现大幅回落，平均值为（3.01 ± 0.86）mg/L。从横向点位对比来看，磁器口 Chla 含量最高，化龙桥点位 Chla 含量最低，从化龙桥至朝天门 Chla 含量呈逐步上升趋势，这也在一定程度上反映了不同点位的富营养化情况［见图 2.12（b）］。

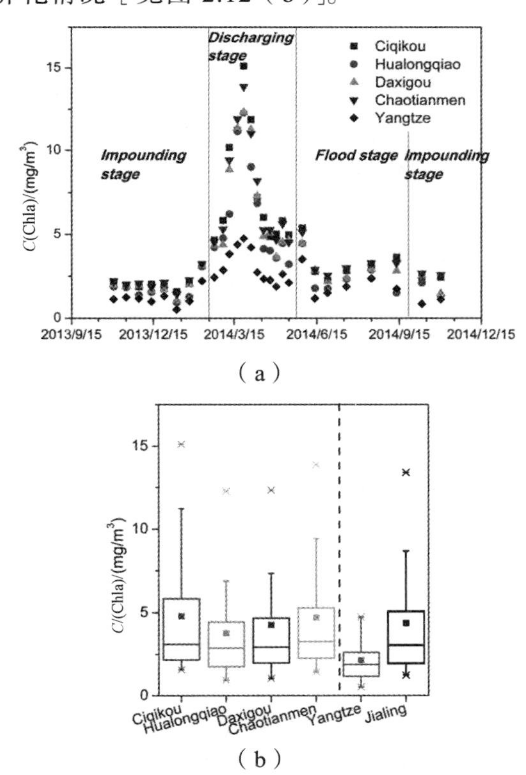

图 2.12　不同采样点叶绿素 a 变化情况（a）及对比情况（b）

2.3.3 主要金属离子浓度变化规律

重庆是典型的山地城市，其城区内河流河道坡度较大、回水时间短、水流速度快，因此河水对岩体和土壤的风化和冲刷作用较为明显，使得大量的金属离子溶入水体；且重庆作为工业城市，工业排放也是水体金属离子的一大重要来源；同时由于嘉陵江主城段位于人口密集区，因此生活排放的金属离子也不容忽视[123]。金属离子一方面是碳酸酐酶、硝酸还原酶、碱性磷酸酶等的辅基，能够通过影响酶的活性进而影响藻类对营养元素的吸收利用，因此对藻类的生长及藻华的形成有着直接的作用[124-126]；另一方面，金属离子在环境中难以降解，随着食物链逐步富集，对人体有着潜在的危害[127]。基于以上背景，有必要对嘉陵江主城段主要金属离子含量进行监测和分析。在本书中，主要选取和研究了锌、镁、铁三种金属离子含量及变化规律。

嘉陵江及长江锌（Zn）含量及其变化规律如图 2.13（a）所示，嘉陵江及长江全年 Zn^{2+}浓度变化范围分别为 0.022 ~ 0.081 mg/L 和 0.010 ~ 0.038 mg/L，平均值分别为（0.043 ± 0.016）mg/L 和（0.019 ± 0.007）mg/L。对嘉陵江和长江水体 Zn^{2+}浓度进行独立样本 Kruskal-Wallis 检验（$n = 15$，$P<0.05$），发现嘉陵江水体 Zn^{2+}含量显著高于长江 Zn^{2+}含量，如图 2.13（b）所示。Zn^{2+}是碳酸酐酶和碱性磷酸酶的辅基，其作为酶活性中心的组成部分，对碳酸酐酶和碱性磷酸酶的催化活性有着重要影响[124, 126]。嘉陵江主城段水体 Zn^{2+}的来源主要有底泥释放、城市外源污染，其中大多数 Zn^{2+}来源于汇入河流的雨水和污水，同时消落带底泥中也累积了大量的重金属物质，其释放的 Zn^{2+}也不容忽视[123]。在不同时期，水体中 Zn^{2+}含量受到不同因素的影响，呈现出不同的特点。蓄水期锌离子浓度较为平稳，平均浓度为（0.035 9 ± 0.008）mg/L；消落期 Zn^{2+}含量大幅上升，并在 2014 年 3 月 19 日出现最高值 0.081 mg/L，而后迅速回落，此现象应为 2014 年 3 月中旬的大规模降雨所致，雨水及上涨河水对消落带底泥的淋溶和冲刷使得主城段水体 Zn^{2+}浓度迅速上升；然而在汛期由于水位迅速下降，使得消落带底泥裸露，水体对消落带底泥的冲刷作用减轻，进一步导致析出金属离子减少，同时河水流量的增加对水体 Zn^{2+}含量也起到了稀释作用，使得汛期期间 Zn^{2+}浓度较低，平均值为（0.033 1 ± 0.009）mg/L，在 2014 年 8 月 15 日取得最低值 0.022 mg/L。此外，嘉陵江不同点位的 Zn^{2+}浓度呈现出小幅差异（无显著性差异），磁器口、朝天门 Zn^{2+}浓度相对于化龙桥、大溪沟点位处 Zn^{2+}浓度更高，这是由于人为活动及城市污染对水体的影响所致［见图 2.13（b）］。

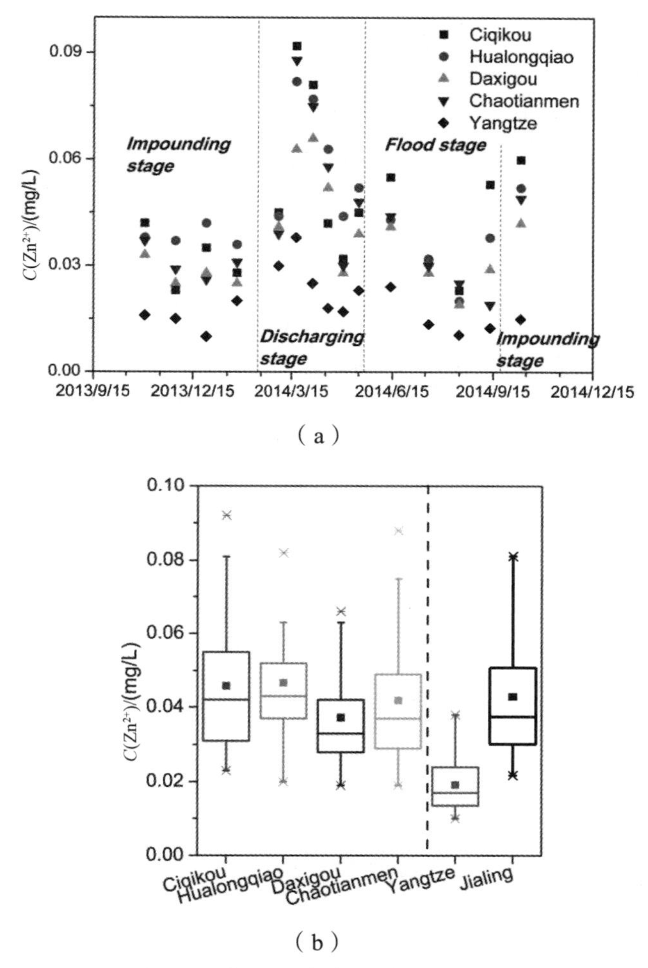

图 2.13 不同采样点锌离子浓度变化情况（a）及对比情况（b）

嘉陵江及长江镁（Mg）含量及其变化规律如图 2.14（a）所示，嘉陵江及长江全年 Mg^{2+}浓度变化范围分别为 15.44 ~ 19.30 mg/L 和 13.55 ~ 16.92 mg/L，平均值分别为（17.54 ± 1.20）mg/L 和（15.61 ± 1.09）mg/L。对嘉陵江和长江 Mg^{2+}浓度进行 ANOVA 检验（n = 15，P<0.05），发现嘉陵江水体 Mg^{2+}含量显著高于长江 Mg^{2+}含量，如图 2.14（b）所示。Mg^{2+}含量是水体硬度的重要指标之一，同时也是碱性磷酸酶的辅基之一，对其活性有重要影响[128]。嘉陵江水体 Mg^{2+}含量高于长江的主要原因是：嘉陵江流域内岩性偏软，同时嘉陵江属于雨水补给型河流，相对于雨水和高山融水混合型的长江，有更多的雨水携带 Mg^{2+}等矿物质进入水体[129, 130]。从不同时期来看，在蓄水

期期间 Mg^{2+}的含量较高，平均值为（17.41 ± 1.07）mg/L；消落期期间由于雨水的影响，嘉陵江 Mg^{2+}浓度进一步升高，在 2014 年 3 月 19 日取得最大值 19.30 mg/L，平均值为（18.34 ± 0.72）mg/L；汛期期间河水对消落带底泥的冲刷作用减少，加上流量增大带来的稀释作用，Mg^{2+}浓度为全年最低，平均值为（16.50 ± 1.06）mg/L，在 2014 年 8 月 15 日有最低值 15.44 mg/L。从不同点位对比来看，嘉陵江 Mg^{2+}浓度自上游至下游呈缓慢下降趋势，应与主城段流速缓慢及水体内部的生物化学反应相关。

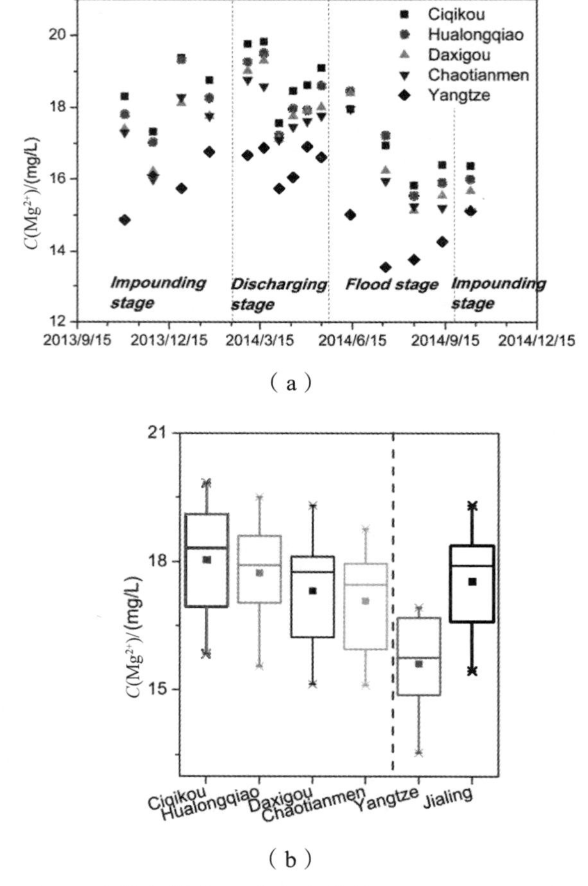

图 2.14　不同采样点镁离子浓度变化情况（a）及对比情况（b）

嘉陵江及长江铁（Fe）含量及其变化规律如图 2.15（a）所示，嘉陵江及长江全年 Fe^{3+}浓度变化范围分别为 0.21 ~ 0.53 mg/L 和 0.21 ~ 0.87 mg/L，平均值分别为（0.36 ± 0.09）mg/L 和（0.51 ± 0.20）mg/L。对嘉陵江和长江 Fe^{3+}

浓度进行 ANOVA 检验（$n = 15$，$P<0.05$），发现嘉陵江水体 Fe^{3+}含量要显著低于长江 Fe^{3+}含量，如图 2.15（b）所示。Fe^{3+}为硝酸还原酶的辅基，对硝酸还原酶活性的表达十分重要[125]。河水水体中的 Fe^{3+}主要来源于河水对岩体的冲刷，而淋溶作用带来的 Fe^{3+}相对较少，由于长江水流量大、流速急的特点，使得大量的泥沙及 Fe^{3+}汇入水体，致使长江水体 Fe^{3+}含量显著高于嘉陵江[129, 130]。具体从不同时期来看，Fe^{3+}含量变化趋势与上述两种金属离子相似。蓄水期期间 Fe^{3+}含量较为稳定，平均为（0.33 ± 0.07）mg/L；消落期 Fe^{3+}含量受到降雨的影响出现一定增长，平均值为（0.43 ± 0.07）mg/L，并在 2014 年 3 月 19 日出现最大值 0.53 mg/L；汛期期间流量增大带来的稀释作用要大于降雨带来的冲刷作用影响，因此水体 Fe^{3+}含量出现一定下降，平均值为（0.30 ± 0.06）mg/L，并在 2014 年 10 月 10 日有最小值 0.21 mg/L。此外从不同点位的对比情况来看，嘉陵江水体 Fe^{3+}含量从磁器口至朝天门整体呈下降趋势，应与沉降作用及水体内部生化反应相关［见图 2.15（b）］。

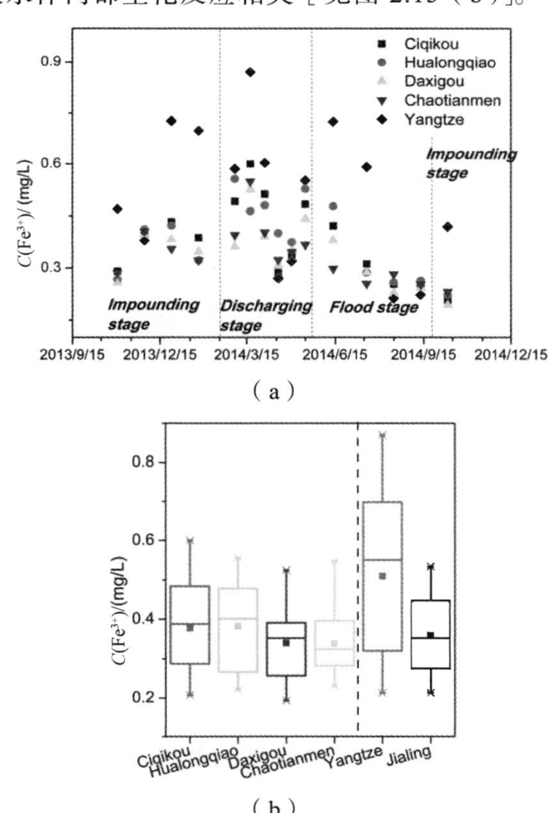

图 2.15　不同采样点铁离子浓度变化情况（a）及对比情况（b）

2.4 碳氮磷赋存形态及变化规律

2.4.1 碳素赋存形态及变化规律

根据碳素的化学性质可将碳划分为有机碳和无机碳两大类；根据碳素的物理形态可将碳素分为溶解碳和颗粒碳。在实际研究中，本书将碳素的两种划分方法均加以考虑，相应地将碳素划分为四种基本类型，即溶解性无机碳（DIC）、溶解性有机碳（DOC）、颗粒无机碳（PIC）和颗粒有机碳（POC）。加上总碳（TC）、总无机碳（TIC）、总有机碳（TOC）、溶解性总碳（TDC）、颗粒性总碳（TPC）以及水体中的 CO_2，在本节将对水体中不同碳形态及其变化规律进行分析与讨论。

嘉陵江主城段及长江两江交汇口段 TC 含量变化如图 2.16（a）所示，全年 TC 浓度变化范围分别为 27.15 ~ 41.14 mg/L 和 21.56 ~ 39.42 mg/L，平均值分别为（33.38 ± 3.91）mg/L 和（28.93 ± 5.27）mg/L。对嘉陵江和长江 TC 浓度进行 ANOVA 检验（$n = 28$，$P<0.05$），发现嘉陵江水体 TC 含量显著高于长江 TC 含量，如图 2.16（b）所示。从总碳的分布曲线中可以得出嘉陵江水体碳素含量呈现冬季高、夏季低的特点，这与水体对碳素的稀释存在一定联系。具体从不同时期来看，蓄水期期间总碳水平较高，并且呈现上升趋势，平均值为（36.46 ± 3.67）mg/L，期间在 2014 年 1 月 24 日有最高值 41.14 mg/L；消落期 TC 浓度呈现下降趋势，平均值为（33.28 ± 1.93）mg/L；汛期期间 TC 浓度较低，平均值为（28.43 ± 0.97）mg/L，并且在 2014 年 8 月 15 日有最小值 27.15 mg/L。从横向点位对比情况来看，嘉陵江主城段四个采样点 TC 含量之间均无明显差异，由磁器口至朝天门 TC 含量呈现略微下降的趋势，可能与泥沙沉降相关［见图 2.16（b）］。

嘉陵江主城段及长江两江交汇口段 TIC 含量变化如图 2.17（a）所示，全年 TIC 浓度变化范围分别为 21.57 ~ 37.40 mg/L 和 16.45 ~ 36.44 mg/L，平均值分别为（28.77 ± 4.43）mg/L 和（25.03 ± 5.71）mg/L。对嘉陵江和长江 TIC 浓度进行 ANOVA 检验（$n = 28$，$P<0.05$），发现嘉陵江水体 TIC 含量显著高于长江 TIC 含量，如图 2.17（b）所示。TIC 分布规律与 TC 相似，均呈现冬季高、夏季低的特点。蓄水期期间 TIC 持续上升，在 2014 年 1 月 24 日有最高值 37.40 mg/L，期间平均值为（32.40 ± 4.01）mg/L；消落期期间 TIC 浓度持续下降，平均值为（28.59 ± 2.17）mg/L；汛期期间 TIC 于 2014 年 8

月 15 日达到全年最低值 21.57 mg/L，平均值为（23.08 ± 1.10）mg/L。嘉陵江主城段四个点位间的 TIC 浓度并无显著性差异，从磁器口至化龙桥略微上升，而后缓慢下降［见图 2.17（b）］。

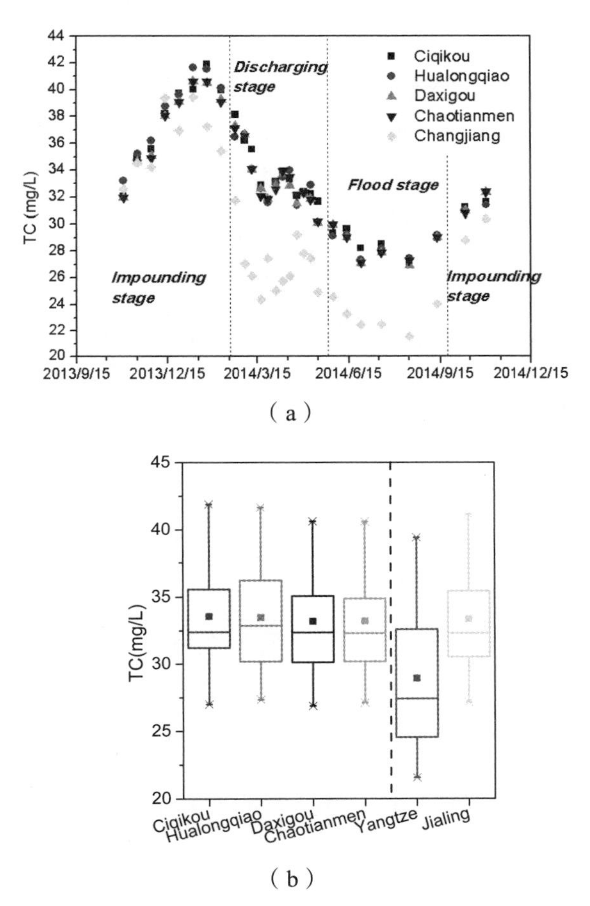

图 2.16　不同采样点总碳变化情况（a）及对比情况（b）

嘉陵江主城段及长江两江交汇口段 TOC 含量变化如图 2.18（a）所示，全年 TOC 浓度变化范围分别为 3.64 ~ 5.58 mg/L 和 2.92 ~ 5.11 mg/L，平均值分别为（4.61 ± 0.59）mg/L 和（3.90 ± 0.52）mg/L。对嘉陵江和长江 TOC 浓度进行 ANOVA 检验（$n = 28$，$P<0.05$），发现嘉陵江水体 TOC 含量显著高于长江 TOC 含量，如图 2.18（b）所示。有研究表明，外源输入是水体有机物的重要来源，因此 TOC 在一定程度上代表了水体受到的有机物污染程度[131]。

由图中可以得出：夏季的 TOC 要高于冬季。根据不同时期对 TOC 进行分析，蓄水期期间嘉陵江水体 TOC 呈现持续下降趋势，并于 2014 年 2 月 7 日达到最低值 3.64 mg/L，蓄水期平均值为（4.06 ± 0.43）mg/L；消落期期间 TOC 波动较大，在 2014 年 3 月 26 日一度出现峰值，消落期平均值为（4.69 ± 0.34）mg/L；汛期期间水体 TOC 维持在一个较高水平，平均值为（5.35 ± 0.19）mg/L，在 2014 年 2 月 7 日有最大值 5.58 mg/L。从横向点位对比情况来看，嘉陵江主城段四个点位 TOC 并无显著差异，大溪沟处 TOC 较其他三个采样点处略低，表明其受到较少有机污染［见图 2.18（b）］。

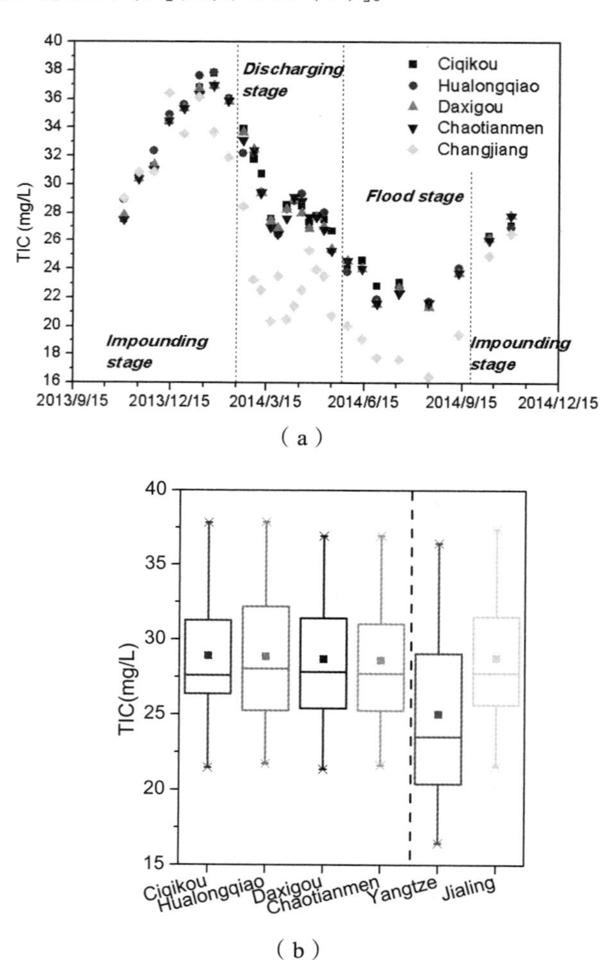

图 2.17　不同采样点总无机碳变化情况（a）及对比情况（b）

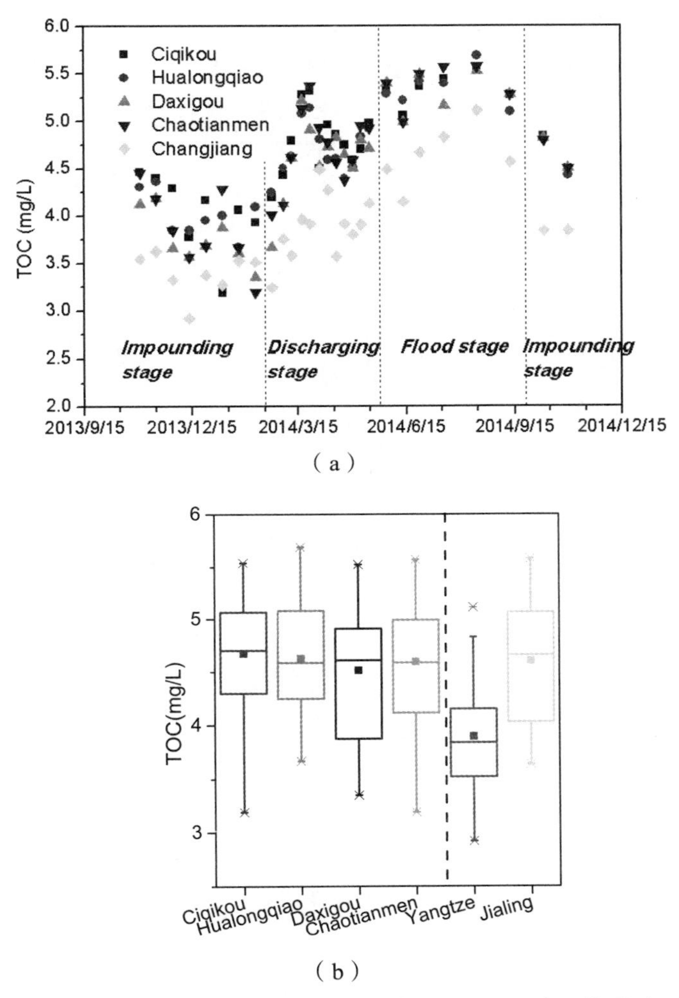

图 2.18　不同采样点总有机碳变化情况（a）及对比情况（b）

嘉陵江主城段及长江两江交汇口段 TDC 含量变化如图 2.19（a）所示，全年 TDC 浓度变化范围分别为 17.55 ~ 36.27 mg/L 和 9.73 ~ 34.04 mg/L，平均值分别为（25.93 ± 5.31）mg/L 和（20.18 ± 7.28）mg/L。对嘉陵江和长江 TDC 浓度进行 ANOVA 检验（$n = 28$，$P<0.05$），可以发现嘉陵江水体 TDC 含量显著高于长江 TDC 含量，如图 2.19（b）所示。嘉陵江水体 TDC 含量呈现冬季高、夏季低的特点，这与丰水期水体对溶解性碳的稀释有关。蓄水期期间 TDC 含量持续上升，在 2014 年 1 月 24 日达到最大值 36.27 mg/L，之后开始下降，期间平均值为（30.72 ± 4.36）mg/L；进入消落期水体 TDC 含量

在波动中持续下降，平均值为（25.40 ± 2.48）mg/L；汛期期间嘉陵江水体TDC含量保持在较低水平，平均值为（19.02 ± 1.14）mg/L，在2014年6月27日有最低值17.55 mg/L。此外，嘉陵江四个采样点TDC浓度无显著性差异，从上游至下游无明显变动趋势［见图2.19（b）］。

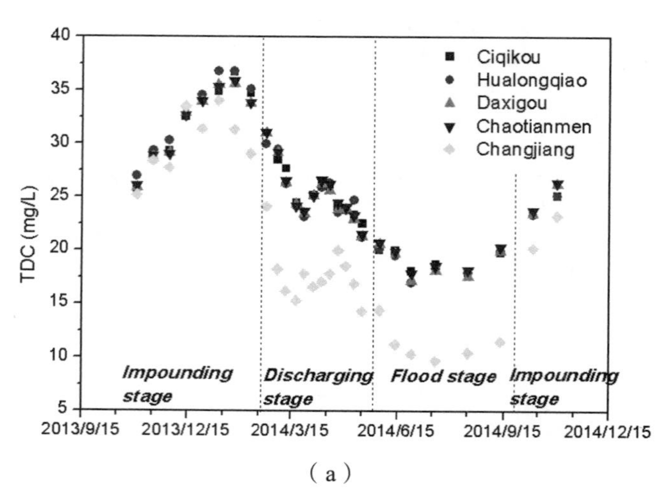

（a）

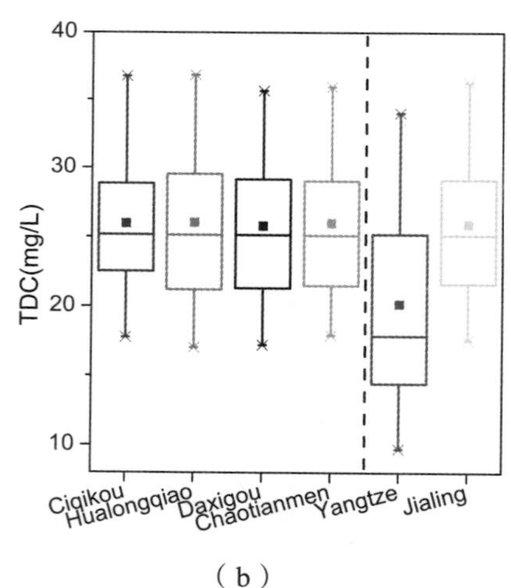

（b）

图 2.19　不同采样点溶解性总碳变化情况（a）及对比情况（b）

嘉陵江主城段及长江两江交汇口段DIC含量变化如图2.20（a）所示，全年DIC浓度变化范围分别为14.00 ~ 33.00 mg/L和6.83 ~ 31.23 mg/L，平均值分别为（22.47 ± 5.43）mg/L和（17.43 ± 7.27）mg/L。对嘉陵江和长江DIC浓度进行ANOVA检验（$n = 28$，$P<0.05$），发现嘉陵江水体DIC含量显著高

于长江 DIC 含量，如图 2.20（b）所示。DIC 是 TC 的主要组成部分，主要源自土壤和岩石的风化、水体有机质的分解和矿化以及大气二氧化碳的溶解等[132-134]。基于以上因素的影响，DIC 在不同时期呈现出不同的特点，冬季水平较高、夏季较低，与 TDC 的变化趋势相似。蓄水期期间 DIC 浓度持续上升，至 2014 年 1 月 24 日达到最大值 33.00 mg/L 后开始下降，期间平均值为（27.34 ± 4.51）mg/L；消落期 DIC 波动较大，整体呈现下降趋势，平均值为（21.92 ± 2.54 ）mg/L；汛期期间水体 DIC 浓度较低，平均值为（15.44 ± 1.16）mg/L，在 2014 年 1 月 24 日有最低值 14.00 mg/L。从不同点位 DIC 的浓度对比情况来看，四个采样点 DIC 浓度并无显著性差异，化龙桥和朝天门处 DIC 浓度略微高于其他两点，这是由于化龙桥处存在丁坝，同时朝天门处河道较宽，使得这两个点位处底泥所受的淋溶作用较强［见图 2.20（b）］。

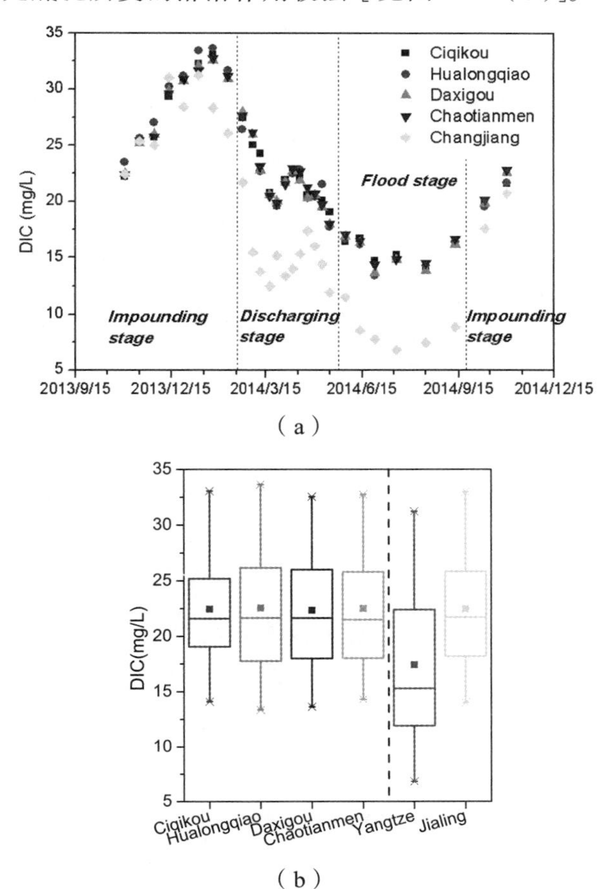

图 2.20　不同采样点溶解性无机碳变化情况（a）及对比情况（b）

嘉陵江主城段及长江两江交汇口段 DOC 含量变化如图 2.21（a）所示，全年 DOC 浓度变化范围分别为 3.10 ~ 3.72 mg/L 和 2.41 ~ 3.26 mg/L，平均值分别为（3.46 ± 0.23）mg/L 和（2.75 ± 0.22）mg/L。对嘉陵江和长江 DOC 浓度进行独立样本 Kruskal-Wallis 检验（$n = 28$，$P<0.05$），发现嘉陵江水体 DOC 含量显著高于长江 DOC 含量，如图 2.21（b）所示。嘉陵江水体中的 DOC 主要来源于河水对底泥及岸边消落带的冲刷、水体对底泥的淋浸、城市污水的汇入及生物的新陈代谢[135-137]。从不同时期对 DOC 含量进行分析，嘉陵江水体 DOC 浓度在全年并无明显趋势，蓄水期平均浓度为（3.38 ± 0.28）mg/L，2014 年 2 月 7 日有全年最低值 3.10 mg/L；消落期期间水体 DOC 浓度略微上升，平均浓度为（3.48 ± 0.18）mg/L；汛期期间 DOC 浓度平均为（3.58 ± 0.15）mg/L，且在 2014 年 8 月 15 日有最大值 3.72 mg/L。三个时期的 DOC 浓度无较大差异，主要原因是：随着流速的增大，水体对消落带底泥的冲刷使得更多的 DOC 进入水体，然而同时由于流量增大，其对 DOC 浓度的稀释作用也相应加强，在二者的共同作用下，全年 DOC 浓度波动较大，平均 DOC 浓度却无较大差异。从横向点位对比情况来看，磁器口和朝天门采样点 DOC 浓度相对其他两点较高，这主要在于二者均处在人口密集区，同时餐饮业较多，所受到的外界有机污染相对较多[见图 2.21（b）]。

嘉陵江主城段及长江两江交汇口段 TPC 含量变化如图 2.22（a）所示，全年 TPC 浓度变化范围分别为 4.87 ~ 9.89 mg/L 和 5.38 ~ 12.76 mg/L，平均值分别为（7.45 ± 1.54）mg/L 和（8.75 ± 2.15）mg/L。对嘉陵江和长江 TPC 浓度进行 ANOVA 检验（$n = 28$，$P< 0.05$），发现嘉陵江水体 TPC 含量显著低于长江 TPC 含量，如图 2.22（b）所示。颗粒碳主要来源于河水及雨水对岩石及土壤的冲刷[138]，因此其分布特点为夏季较高、冬季较低，显然其与降水及流量呈正相关关系。从不同时期来看，蓄水期嘉陵江主城段 TPC 含量较低，平均值为（5.75 ± 0.76）mg/L，2014 年 1 月 24 日有最低值 4.87 mg/L；消落期 TPC 含量迅速增加，平均值为（7.88 ± 0.66）mg/L；汛期期间 TPC 含量稳定在一个较高水平，平均值为（9.41 ± 0.38）mg/L，在 2014 年 6 月 27 日有最大值 9.89 mg/L。嘉陵江主城段不同点位水体 TPC 含量从磁器口至朝天门呈现逐渐下降的趋势，可能与颗粒碳的沉降相关［见图 2.22（b）］。

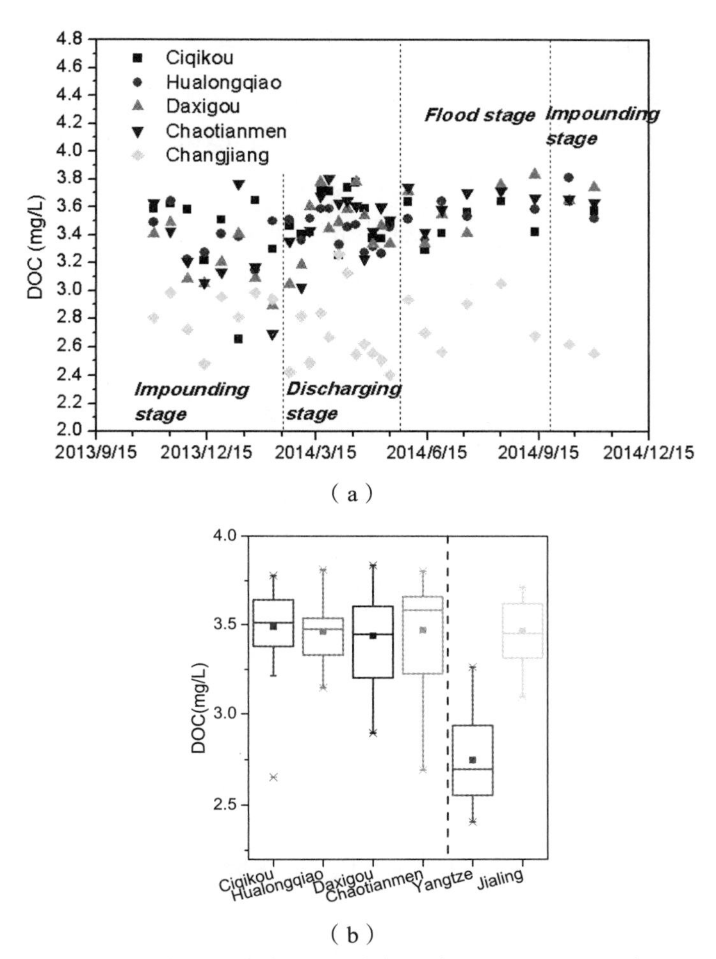

图 2.21　不同采样点溶解性有机碳变化情况（a）及对比情况（b）

嘉陵江主城段及长江两江交汇口段 PIC 含量变化如图 2.23（a）所示，全年 PIC 浓度变化范围分别为 4.39 ~ 8.00 mg/L 和 4.93 ~ 10.83 mg/L，平均值分别为（6.30 ± 1.11）mg/L 和（7.60 ± 1.71）mg/L。对嘉陵江和长江 PIC 浓度进行 ANOVA 检验（$n = 28$，$P<0.05$），发现嘉陵江水体 PIC 含量显著低于长江 PIC 含量，如图 2.23（b）所示。PIC 主要来源于水体对河道及消落带的冲击，水体对岩石及土壤的冲刷使得颗粒态的碳酸盐汇入水体，提高了水中 PIC 的含量[139]。同时，汛期 PIC 浓度远高于其他时期，这表明河水冲击带来的 PIC 补充要远高于流量增大对 PIC 浓度的稀释作用。具体从不同时期

来看，蓄水期 PIC 浓度在一个较低水平且呈持续下降趋势，平均 PIC 浓度为（5.06 ± 0.58）mg/L，在 2014 年 1 月 24 日有最低取值 4.39 mg/L；消落期水体 PIC 浓度持续上升，平均值为（6.67 ± 0.49）mg/L；汛期期间水体 PIC 浓度保持在较高水平，平均为（7.64 ± 0.34）mg/L，在 2014 年 6 月 27 日有最大值 8.00 mg/L。嘉陵江主城段 PIC 浓度的变化趋势与 TPC 浓度一致，由于泥沙沉降原因，从上游至下游呈现逐步下降的趋势［见图 2.23（b）］。

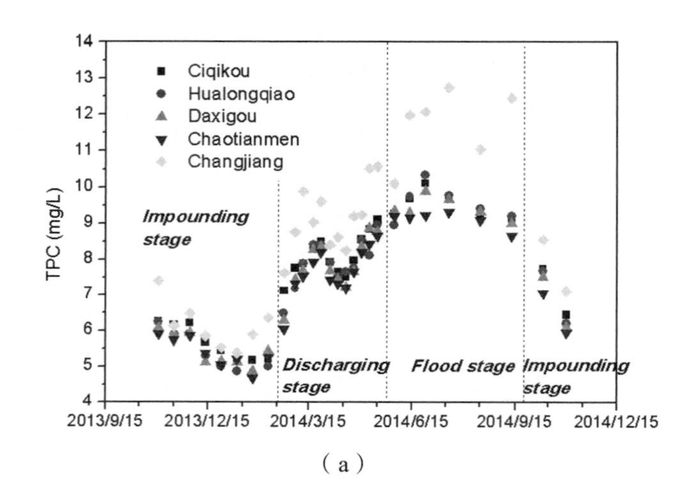

（a）

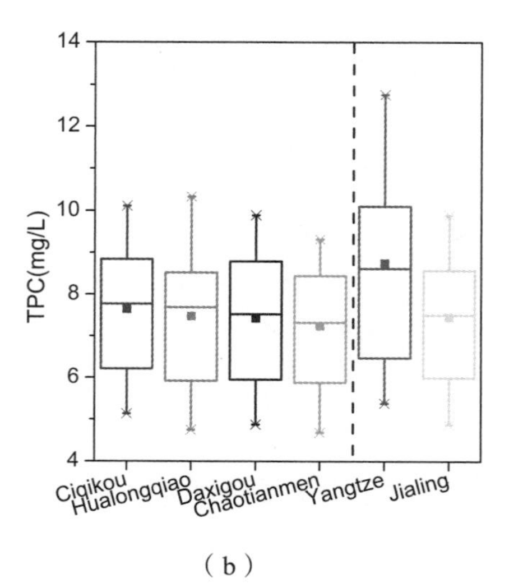

（b）

图 2.22　不同采样点颗粒性总碳变化情况（a）及对比情况（b）

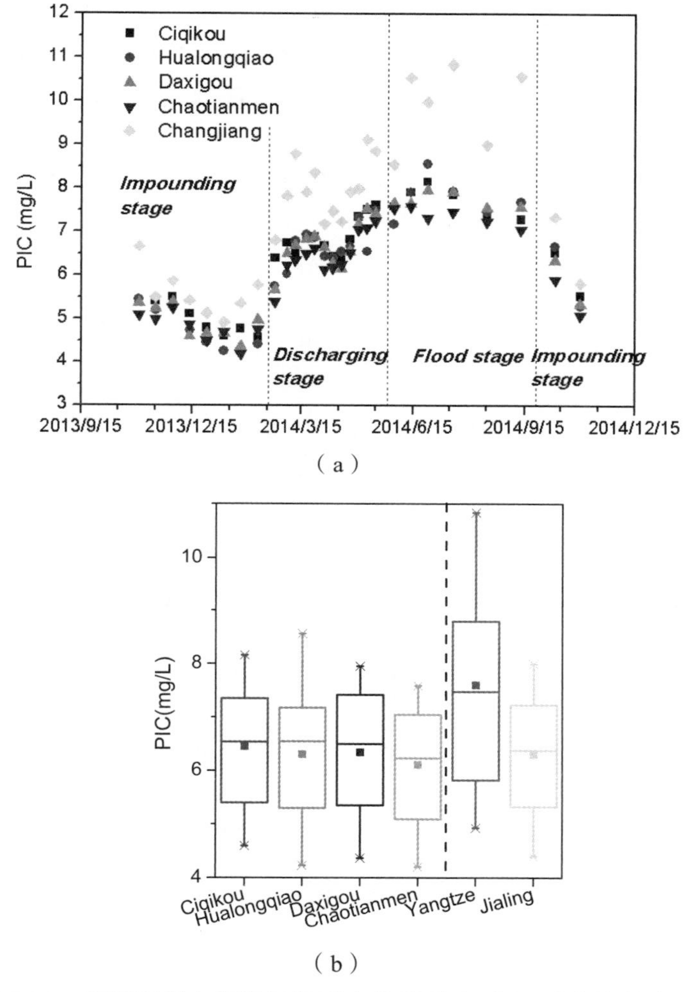

图 2.23　不同采样点颗粒无机碳变化情况（a）及对比情况（b）

嘉陵江主城段及长江两江交汇口段 POC 含量变化如图 2.24（a）所示，全年 POC 浓度变化范围分别为 0.48 ~ 1.90 mg/L 和 0.41 ~ 2.11 mg/L，平均值分别为（1.14 ± 0.45）mg/L 和（1.15 ± 0.49）mg/L。对嘉陵江和长江 POC 浓度进行 ANOVA 检验（$n = 28$，$P<0.05$），发现嘉陵江水体 POC 含量与长江 POC 含量无显著性差异，如图 2.24（b）所示。水体 POC 主要分为外源性和内源性两大类[140]。外源性 POC 主要源于水体的冲刷以及人为排放[141]，而内源性 POC 主要来自浮游生物分泌和底泥释放等[136]。而 POC 与 PIC 曲线的相似性表明：冲刷作用带来的 POC 是其最主要的来源，特别是消落带中沉

积的有机物颗粒，在冲刷作用下将会大量进入水体。具体从不同时期来看，蓄水期 POC 浓度在一个较低水平并呈持续下降趋势，平均 POC 浓度为（0.68 ± 0.20）mg/L，在 2014 年 1 月 24 日有最低取值 0.48 mg/L；消落期水体 POC 浓度整体呈上升趋势，平均值为（1.21 ± 0.24）mg/L，且在 2014 年 3 月 26 日出现峰值，表明其与 3 月份藻类的大量繁殖存在一定关系；汛期期间水体 POC 浓度保持在较高水平，平均值为（1.77 ± 0.14）mg/L，在 2014 年 6 月 27 日有最大值 1.90 mg/L。嘉陵江主城段 POC 的浓度变化趋势与 TPC 及 PIC 一致，并且同样从上游至下游呈下降趋势［见图 2.24（b）］。

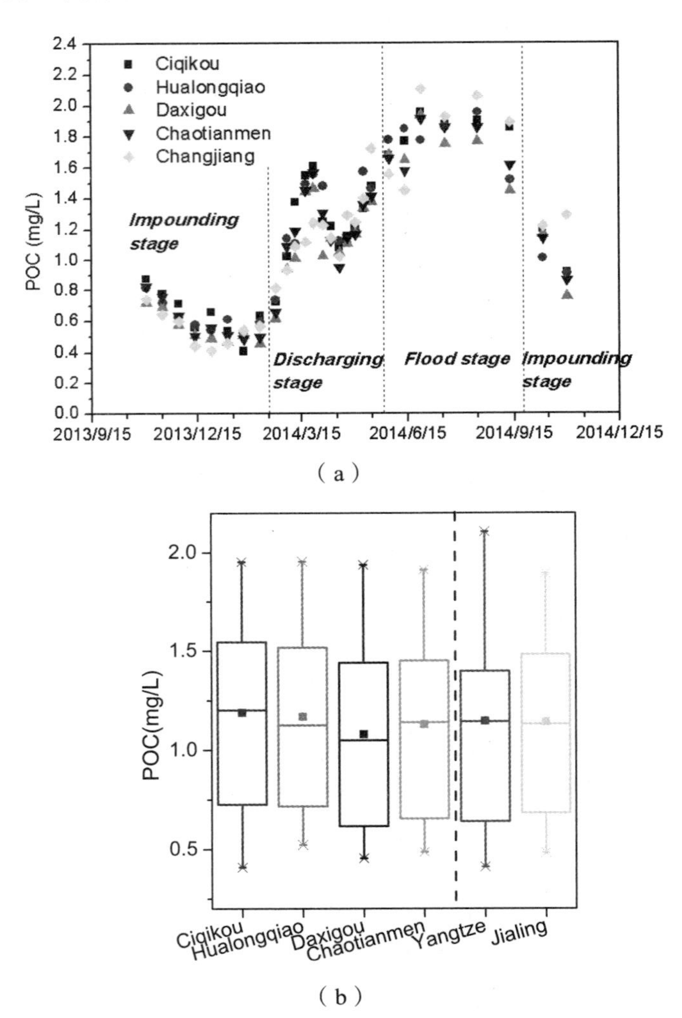

图 2.24　不同采样点颗粒有机碳变化情况（a）及对比情况（b）

嘉陵江主城段及长江两江交汇口段水体 CO_2 含量变化如图 2.25（a）所示，全年水体 CO_2 浓度变化范围分别为 2.07 ~ 11.68 mg/L 和 3.25 ~ 12.15 mg/L，平均值分别为（6.52 ± 2.55）mg/L 和（5.92 ± 2.63）mg/L。对嘉陵江和长江水体 CO_2 浓度进行 ANOVA 检验（$n = 28$，$P<0.05$），发现嘉陵江 CO_2 含量与长江 CO_2 含量无显著性差异，如图 2.25（b）所示。水体 CO_2 主要来源于空气中 CO_2 的溶解，少数来源于水生生物的释放，同时也受到 pH、大气压力以及水温的影响[142]。从曲线趋势上看，其与水体 pH 呈现反向走势。具体从不同时期来看，蓄水期期间水体 CO_2 浓度呈持续上升趋势，并于 2014 年 1 月 24 日取得最大值为 11.68 mg/L，期间平均值为（9.17 ± 1.73）mg/L；消落期水体 CO_2 浓度呈现先下降后上升的特点，在 2014 年 3 月 26 日有全年最低值为 2.07 mg/L，消落期平均值为（5.19 ± 1.73）mg/L；汛期期间水体 CO_2 浓度呈缓慢下降趋势，水体 CO_2 浓度平均值为（4.76 ± 1.01）mg/L。从嘉陵江沿程来看，从磁器口至朝天门水体 CO_2 浓度呈现上升趋势［见图 2.25（b）］。

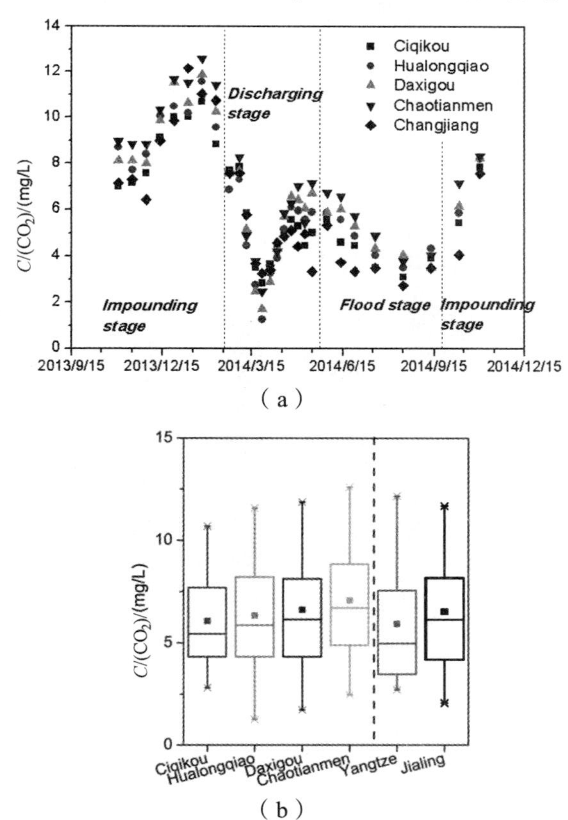

图 2.25　不同采样点二氧化碳变化情况（a）及对比情况（b）

图 2.26 所示为不同时期碳素含量及不同碳形态所占比例。与长江相比，嘉陵江的 DIC（67.3%）、TDC（77.7%）所占 TC 比例要高于长江 DIC（60.3%）、TDC（69.8%）所占比例，嘉陵江 DOC（10.4%）、TOC（13.8%）比例要略高于长江中 DOC（9.5%）、TOC（13.5%）所占比例，相应的嘉陵江 PIC（18.9%）、TPC（22.3%）所占比例低于 PIC（26.3%）、TPC（30.3%）在长江 TC 中所占比例，POC（3.4%）、TIC（86.2%）在嘉陵江所占比例要略高于在长江中 POC（4.0%）和 TIC（86.6%）所占比例。无论是嘉陵江还是长江，无机碳和溶解性碳均占主导地位，且 DIC 均为比例最高的基本碳形态。具体从不同时期碳形态的比例来看，可以发现三个时期各碳形态的比例均存在差异。按 DIC、DOC、PIC、POC 依次排列，蓄水期各碳形态的比例分别为 75.0%、9.3%、13.9%、1.9%，消落期比例依次为 65.9%、10.5%、20.0%、3.6%，汛期各形态碳素比例为 54.3%、12.6%、26.9%、6.2%。可以得出随着雨水的增多及河水流速的加快，冲刷效应使得各颗粒碳形态所占比例均有所上升；另一方面，流量的增加导致了对水体中各元素的稀释效应，使得相应溶解态碳素所占比例下降。因此，水体中各形态元素浓度的变化均为冲刷效应（flush effect）和稀释效应（dilution effect）二者共同作用的结果[143]。

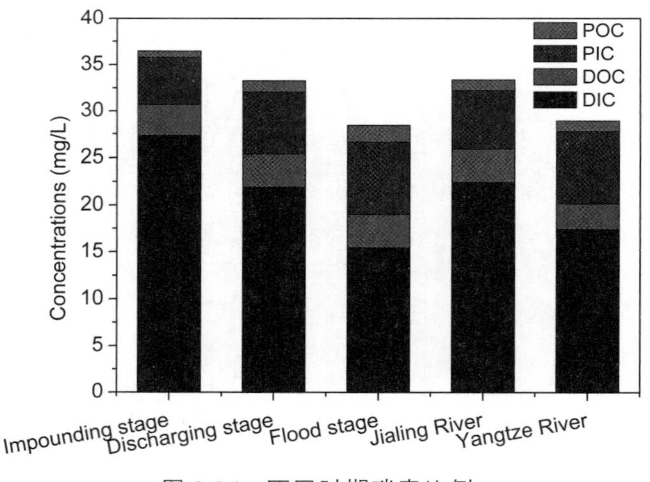

图 2.26 不同时期碳素比例

2.4.2 氮素赋存形态及变化规律

氮素是水体中常见的营养元素之一，是蛋白质等大分子的主要组成元素，对植物的生长有着重要意义。水体中能被植物吸收利用的氮素主要有硝氮

（NO_3^--N）、亚硝氮（NO_2^--N）、氨氮（NH_4^+-N）等，本节将对这三类氮素，以及总氮在嘉陵江主城段、长江两江交汇口点位处的含量和年变化规律进行分析与讨论。

嘉陵江主城段及长江两江交汇口段 TN 含量变化如图 2.27（a）所示，全年 TN 浓度变化范围分别为 1.26 ~ 2.42 mg/L 和 0.81 ~ 2.16 mg/L，平均值分别为（1.73 ± 0.25）mg/L 和（1.37 ± 0.36）mg/L。对嘉陵江和长江 TN 浓度进行独立样本 Kruskal-Wallis 检验（n = 28，P<0.05），发现嘉陵江水体 TN 含量要显著高于长江 TN 含量，如图 2.27（b）所示。水体中氮素主要来源于外源输入，包括由雨水对地面冲刷造成的面源污染和污水排放造成的点源污染[144]。由于面源氮素会随雨水的增加而增加，而点源氮素在不同时期的贡献值相对稳定，其浓度会随雨水的增加而降低，因此，二者对水体氮素贡献率的比值变化决定了水中 TN 含量的年变化规律。由图中总氮夏季略高于其他季节的变化规律可得，嘉陵江 TN 含量主要受到面源污染，而点源污染的作用要小于前者。具体从不同时期进行分析，蓄水期嘉陵江水体 TN 含量较低，且在 2014 年 10 月 10 日有最低值为 1.26 mg/L，平均值为（1.58 ± 0.26）mg/L；消落期 TN 含量波动较为剧烈，平均值为（1.75 ± 0.32）mg/L；汛期水体 TN 含量进一步上升，并在 2014 年 6 月 13 日取得最大值 2.42 mg/L，汛期平均值为（1.94 ± 0.32）mg/L。从嘉陵江不同点位的对比情况来看，大溪沟处 TN 含量要比其他点位略低，不同采样点 TN 的含量不同主要原因是：各采样点处的点源污染［见图 2.27（b）］。

嘉陵江主城段及长江两江交汇口段 NO_3^--N 含量变化如图 2.28（a）所示，全年 NO_3^--N 浓度变化范围分别为 0.87 ~ 1.42 mg/L 和 0.51 ~ 1.35 mg/L，平均值分别为（1.12 ± 0.13）mg/L 和（0.87 ± 0.21）mg/L。对嘉陵江和长江 NO_3^--N 浓度进行 ANOVA 检验（n = 28，P<0.05），发现嘉陵江水体 NO_3^--N 含量显著高于长江 NO_3^--N 含量，如图 2.28（b）所示。水体 NO_3^--N 是氮素的主要组成部分之一，同时是硝酸还原酶的催化底物，通过硝酸还原酶的催化作用还原为亚硝氮，并进一步通过一系列的生物化学反应，还原为氨基，最终合成藻类所需的有机质[145, 146]。NO_3^--N 的含量全年变化规律与 TN 相似，蓄水期 NO_3^--N 含量相对其他时期略低，平均值为（1.08 ± 0.12）mg/L；消落期由于

受到降雨的影响，水体 NO_3^--N 含量波动剧烈，全年最大值出现在 2014 年 4 月 3 日为 1.42 mg/L，最小值出现在 2014 年 4 月 10 日为 0.87 mg/L，消落期平均值为（1.13 ± 0.20）mg/L；汛期期间 NO_3^--N 的平均含量为（1.18 ± 0.14）mg/L。从嘉陵江不同点位来看，NO_3^--N 的含量略有差异，化龙桥、朝天门处 NO_3^--N 含量相对略高，主要原因是受到点源污染［见图 2.28（b）］。

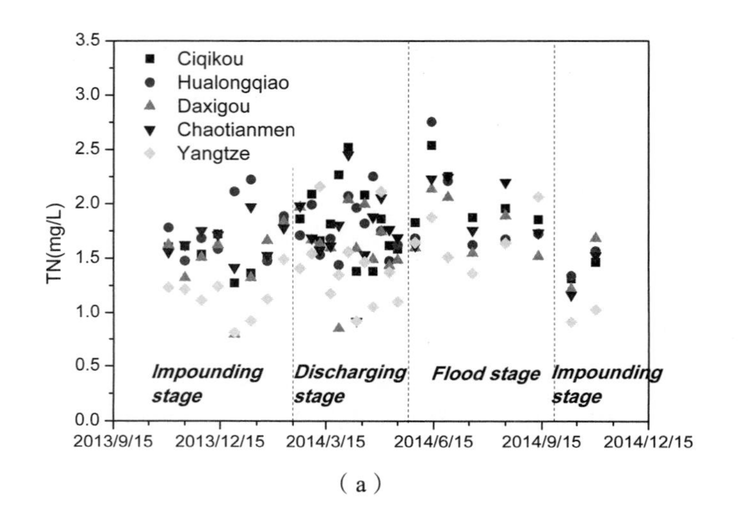

（a）

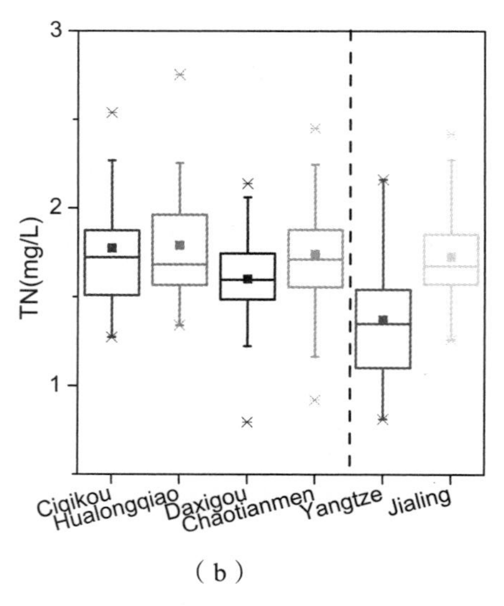

（b）

图 2.27　不同采样点总氮变化情况（a）及对比情况（b）

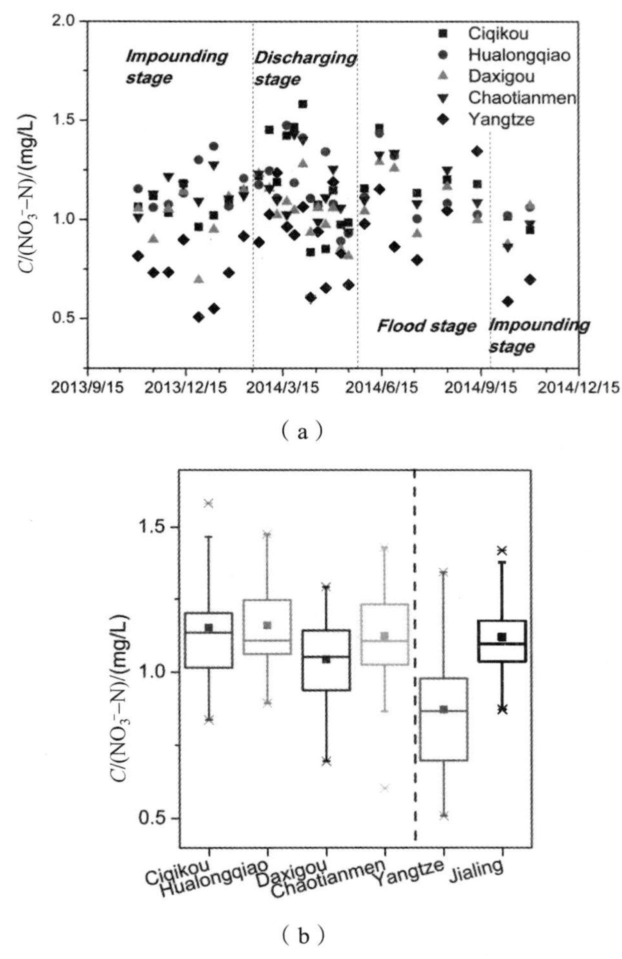

图 2.28　不同采样点硝氮变化情况（a）及对比情况（b）

嘉陵江主城段及长江两江交汇口段 NO_2^--N 含量变化如图 2.29（a）所示，全年 NO_2^--N 浓度变化范围分别为 0.008 ~ 0.021 mg/L 和 0.004 ~ 0.015 mg/L，平均值分别为（0.016 ± 0.003）mg/L 和（0.010 ± 0.003）mg/L。对嘉陵江和长江 NO_2^--N 浓度进行 ANOVA 检验（$n = 28$, $P<0.05$），发现嘉陵江水体 NO_2^--N 含量显著高于长江 NO_2^--N 含量，如图 2.29（b）所示。NO_2^--N 在嘉陵江水体中含量较低，这是由于其不稳定的特点所致，NO_2^--N 容易被氧化为稳定的 NO_3^--N[147]。由于稳定性较差，其全年的含量变化规律与 NO_3^--N 及 TN 有一定区别。蓄水期 NO_2^--N 含量较高，平均值为（0.018 ± 0.003）mg/L，在 2013

年 11 月 15 日有最大值为 0.021 mg/L；消落期 NO_2^--N 含量变化较为剧烈，平均值为（0.016 ± 0.003）mg/L，在 2014 年 6 月 13 日及 8 月 15 日两次出现最低值为 0.008 mg/L；汛期 NO_2^--N 含量较低，平均值为（0.011 ± 0.004）mg/L，表明夏季流量的增大对 NO_2^--N 含量具有一定稀释作用。从嘉陵江不同点位对比可知，NO_2^--N 含量自上游至下游呈略微下降的趋势，此现象是因为 NO_2^--N 受氧化［见图 2.29（b）］。

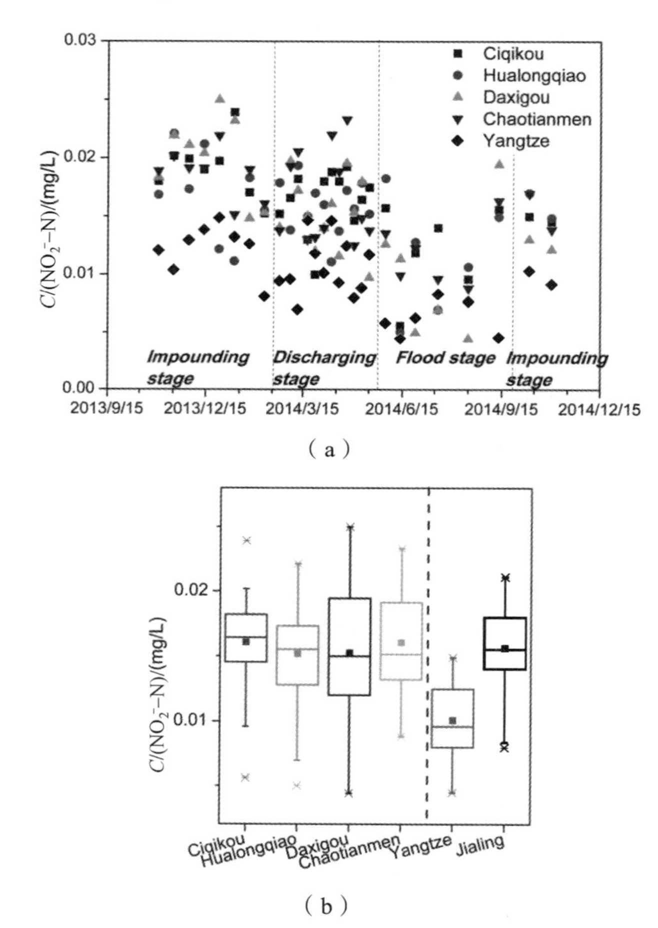

（a）

（b）

图 2.29　不同采样点亚硝氮变化情况（a）及对比情况（b）

嘉陵江主城段及长江两江交汇口段 NH_4^+-N 含量变化如图 2.30（a）所示，全年 NH_4^+-N 浓度变化范围分别为 0.17 ~ 0.34 mg/L 和 0.09 ~ 0.27 mg/L，平均值分别为（0.26 ± 0.05）mg/L 和（0.18 ± 0.05）mg/L。对嘉陵江和长江 NH_4^+-N

浓度进行 ANOVA 检验（$n=28$，$P<0.05$），发现嘉陵江水体 NH_4^+-N 含量显著高于长江 NH_4^+-N 含量，如图 2.30（b）所示。NH_4^+-N 的来源主要是农业面源污染，而生活污水等所造成的点源污染同样也不容忽视[144]，在实际消落带水体采样过程中常常遇到个别水样 NH_4^+-N 浓度极高的特例，均为不规范排污造成的点源污染所致。蓄水期水体 NH_4^+-N 含量较高，平均值为（0.27 ± 0.04）mg/L，在 2013 年 12 月 27 日有最大值为 0.34 mg/L；消落期 NH_4^+-N 含量波动剧烈，平均值为（0.27 ± 0.06）mg/L，在 2014 年 4 月 17 日同样出现最大值为 0.34 mg/L；汛期期间 NH_4^+-N 浓度迅速被河水稀释，平均值较低为（0.20 ± 0.04）mg/L，在 2014 年 6 月 27 日有最小值为 0.17 mg/L。从嘉陵江横向点位对比情况来看，磁器口处较其他点位 NH_4^+-N 略高，应为附近的生活及餐饮污水所致［见图 2.30（b）］。

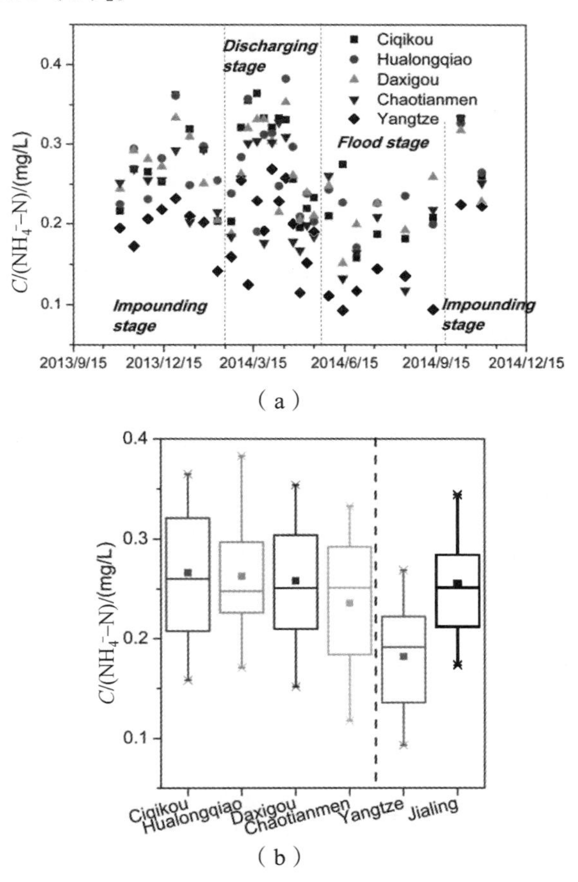

（a）

（b）

图 2.30　不同采样点氨氮变化情况（a）及对比情况（b）

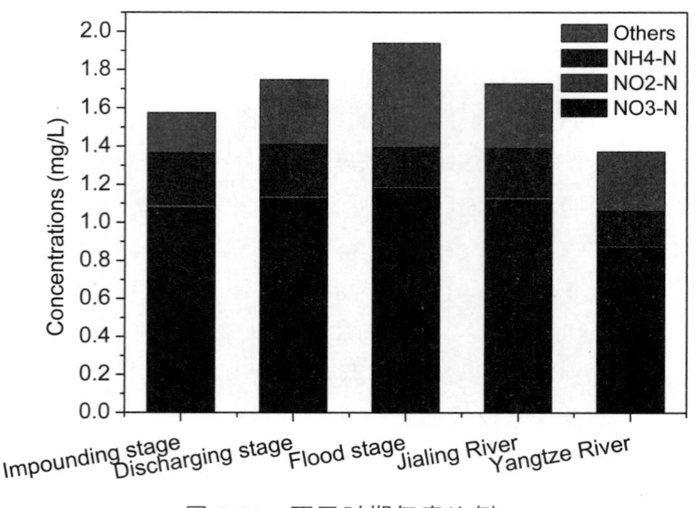

图 2.31　不同时期氮素比例

如图 2.31 所示为不同时期氮素含量及不同氮形态所占比例。嘉陵江硝氮、亚硝氮、氨氮含量均高于长江，前者分别占 TN 比例为 64.8%、0.9%、14.8%，而长江中三种氮素所占比例分别为 63.3%、0.7%、13.2%，这表明嘉陵江主城段水体氮素污染较长江更高。具体从蓄水期、消落期、汛期三个不同时期对嘉陵江主城段水体氮素的比例进行分析，硝氮在三个时期的比例分别为 68.3%、64.4%、60.9%，亚硝氮在三个时期占 TN 比例分别为 1.1%、0.9%、0.6%，氨氮在三个时期占 TN 比例分别为 17.3%、15.3%、10.5%。由上述数据可以得出，随着嘉陵江流量的增加，水体三种主要形态氮素占 TN 比例均呈现下降趋势，表明雨水所带来的面源污染使得大量其他形态的氮素进入水体，导致这三类氮素含量相对减少。

2.4.3　磷素赋存形态及变化规律

磷素是水体中除氮素外的另一种常见的营养元素，同时也往往是众多河流、湖库中的限制性营养元素，因此其浓度在一定程度上决定着水体中浮游植物的生长状况[42]。水体中磷素主要分为溶解性磷（TDP）和颗粒磷（PP），由于水体中溶解性无机磷基本以正磷酸盐的形态存在[148]，因此 TDP 又进一步可以划分为溶解性正磷酸盐（SRP）和溶解性有机磷（DOP）。另一方面，根据是否可被碱性磷酸酶催化，又可将磷素分为可酶解磷（EHP）和其他形态的磷素。本节将主要对以上各磷形态在嘉陵江主城段及长江两江交汇口点位处水体中的含量及年变化规律进行分析与讨论。

嘉陵江主城段及长江两江交汇口段 TP 含量变化如图 2.32（a）所示，全年 TP 浓度变化范围分别为 0.069 ~ 0.247 mg/L，0.139 ~ 0.372 mg/L，平均值分别为（0.112 ± 0.045）mg/L 和（0.225 ± 0.062）mg/L。对嘉陵江和长江 TP 浓度进行独立样本 Kruskal-Wallis 检验（$n = 28$，$P<0.05$），发现嘉陵江水体 TP 含量要显著低于长江 TP 含量，如图 2.32（b）所示。有研究表明，水体中磷素的来源主要有农业施肥造成的面源污染和城市污水排放造成的点源污染，对于不同水体其各自的影响也不同；此外底泥释放的内源磷素也不可忽视[149]。从全年的变化规律来看，TP 浓度呈现夏季高冬季低的特点；蓄水期 TP 浓度较低，平均值为（0.084 ± 0.014）mg/L，且在 2014 年 10 月 31 日有最低值为 0.069 mg/L；消落期磷素出现波动，平均水平为（0.101 ± 0.027）mg/L；汛期磷素迅速上升，其平均值为（0.179 ± 0.056）mg/L，并且在 2014 年 8 月 15 日有最大值 0.247 mg/L。从嘉陵江横向点位对比来看，不同点位间的 TP 含量无显著性差异，其存在的细微差别主要源自采样点附近小规模的点源排放[见图 2.32（b）]。

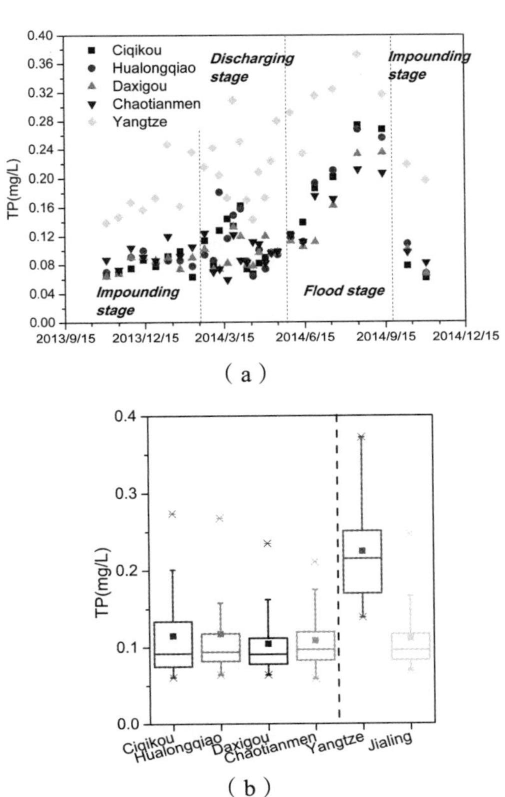

图 2.32　不同采样点总磷变化情况（a）及对比情况（b）

嘉陵江主城段及长江两江交汇口段 TDP 含量变化如图 2.33（a）所示，全年 TDP 浓度变化范围分别为 0.040 ~ 0.089 mg/L 和 0.087 ~ 0.158 mg/L，平均值分别为（0.066 ± 0.012）mg/L 和（0.111 ± 0.018）mg/L。对嘉陵江和长江 TDP 浓度进行 ANOVA 检验（$n = 28$，$P<0.05$），发现嘉陵江水体 TDP 含量显著低于长江 TDP 含量，如图 2.33（b）所示。水体溶解性总磷是水生浮游生物所利用的主要磷类型，包括溶解性无机磷和溶解性有机磷，其在全年中不同时期相差不大。在蓄水期嘉陵江水体中 TP 含量平均值为（0.068 ± 0.012）mg/L；消落期 TP 含量先下降再上升，2014 年 3 月 26 日出现最低值 0.040 mg/L，平均值为（0.066 ± 0.01）mg/L；汛期期间 TP 含量出现一定增长，平均值为（0.081 ± 0.016）mg/L，最大值出现在 2014 年 8 月 15 日为 0.089 mg/L。从嘉陵江不同点位的 TP 浓度情况来看，从上游至下游 TP 浓度略有上升，与城市污水的汇入存一定关系［见图 2.33（b）］。

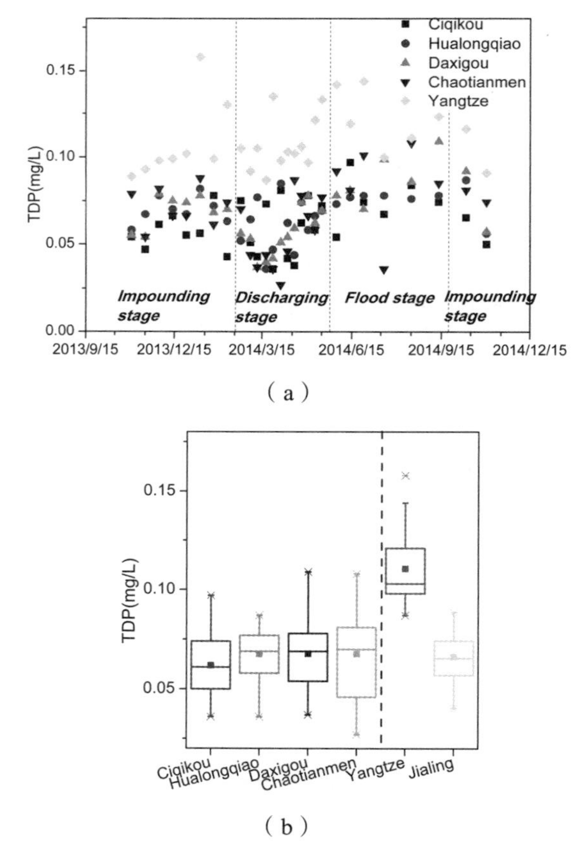

图 2.33　不同采样点溶解性总磷变化情况（a）及对比情况（b）

嘉陵江主城段及长江两江交汇口段 PP 含量变化如图 2.34（a）所示，全年 PP 浓度变化范围分别为 0.010 ~ 0.158 mg/L 和 0.041 ~ 0.261 mg/L，平均值分别为（0.045 ± 0.041）mg/L 和（0.114 ± 0.054）mg/L。对嘉陵江和长江 PP 浓度进行独立样本 Kruskal-Wallis 检验（$n = 28$，$P<0.05$），发现嘉陵江水体 PP 含量显著低于长江 PP 含量，如图 2.34（b）所示。颗粒磷主要源自水体对河道、消落带底泥的冲刷，大量颗粒磷在冲刷作用下从消落带底泥中释放并进入水体；此外，外源污染也是重要的颗粒磷来源之一，研究表明生活污水及雨水均会夹杂大量的颗粒磷，并随其汇入自然水体[150]。从不时期来看，蓄水期颗粒磷浓度较低，平均为（0.017 ± 0.008）mg/L，在 2013 年 11 月 1 日及 10 月 31 日均取得最低值为 0.010 mg/L；消落期 PP 浓度迅速上升并出现波峰而后回落，平均值为（0.043 ± 0.026）mg/L；汛期 PP 浓度出现大幅增长，并在 2014 年 8 月 15 日出现最大值为 0.158 mg/L，期间平均值为(0.099 ± 0.056) mg/L。嘉陵江从上游至下游颗粒磷浓度呈现一个下降趋势，这主要是由于主城段流速较为缓慢，使得颗粒态物质逐渐沉降［见图 2.34（b）］。

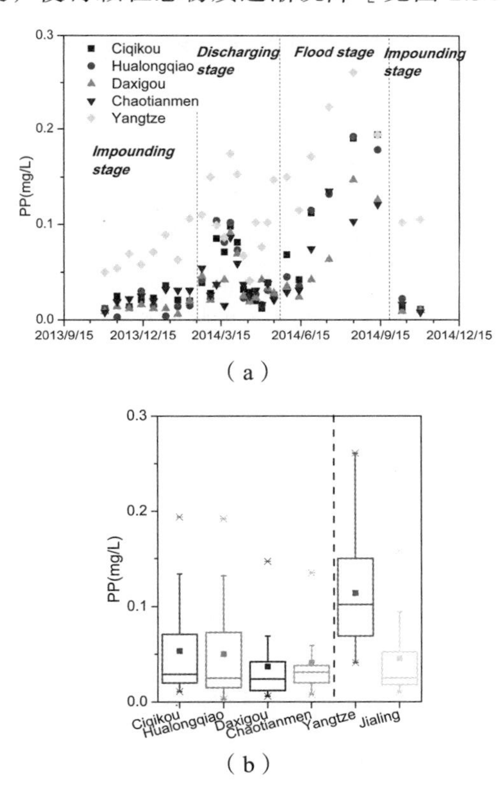

图 2.34　不同采样点颗粒磷变化情况（a）及对比情况（b）

嘉陵江主城段及长江两江交汇口段 SRP 含量变化如图 2.35（a）所示，全年 SRP 浓度变化范围分别为 0.014 ~ 0.068 mg/L 和 0.060 ~ 0.132 mg/L，平均值分别为（0.047 ± 0.016）mg/L 和（0.091 ± 0.019）mg/L。对嘉陵江和长江 SRP 浓度进行独立样本 Kruskal-Wallis 检验（$n = 28$，$P<0.05$），发现嘉陵江水体 SRP 含量显著低于长江 SRP 含量，如图 2.35（b）所示。SRP 即为溶解性正磷酸盐，是碱性磷酸酶的催化产物，通过碱性磷酸酶的催化作用，大量有机磷能够转变为正磷酸盐[151]。由于其为 TDP 的主要组成成分，因此 SRP 的含量变化规律与 TDP 相似。蓄水期 SRP 含量较为稳定，平均值为（0.052 ± 0.007）mg/L；消落期 SRP 含量呈现先降后升的特点，在 2014 年 3 月 26 日有最低值 0.014 mg/L，平均值为（0.035 ± 0.017）mg/L；汛期期间 SRP 含量整体维持在较高水平，平均值为（0.063 ± 0.010）mg/L，在 2014 年 6 月 13 日有最高值为 0.068 mg/L。嘉陵江不同点位 SRP 浓度从磁器口至大溪沟段呈上升趋势，而在朝天门处又有所下降，这与外源污染的汇入以及水生生物的消耗存在一定关系［见图 2.35（b）］。

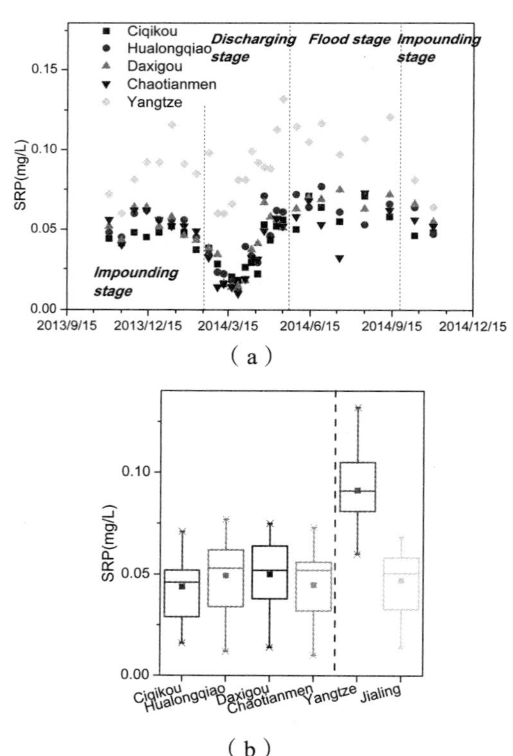

图 2.35　不同采样点溶解性正磷酸盐变化情况（a）及对比情况（b）

嘉陵江主城段及长江两江交汇口段 DOP 含量变化如图 2.36（a）所示，全年 DOP 浓度变化范围分别为 0.004 ~ 0.036 mg/L 和 0.001 ~ 0.054 mg/L，平均值分别为（0.019 ± 0.007）mg/L 和（0.019 ± 0.015）mg/L。对嘉陵江和长江 DOP 浓度进行独立样本 Kruskal-Wallis 检验（$n = 28$，$P<0.05$），发现嘉陵江水体 DOP 含量与长江 DOP 含量无显著性差异，如图 2.36（b）所示。水体 DOP 主要来源于外源污染，包括农业面源污染如有机磷农药等，以及生活污水点源污染，如含磷洗衣粉等[152, 153]。蓄水期 DOP 含量缓慢上升，平均值为（0.016 ± 0.008）mg/L；消落期 DOP 出现剧烈波动，最高值出现在 2014 年 4 月 3 日为 0.036 mg/L，最低值出现在 2014 年 5 月 8 日为 0.004 mg/L，平均值为（0.023 ± 0.014）mg/L；汛期 DOP 含量受到流量增大带来的稀释作用影响，出现一定下降，平均值为（0.017 ± 0.012）mg/L。从嘉陵江沿程点位 DOP 含量来看，从上游至下游呈现上升趋势，可能与城市污水的汇入相关［见图 2.36（b）］。

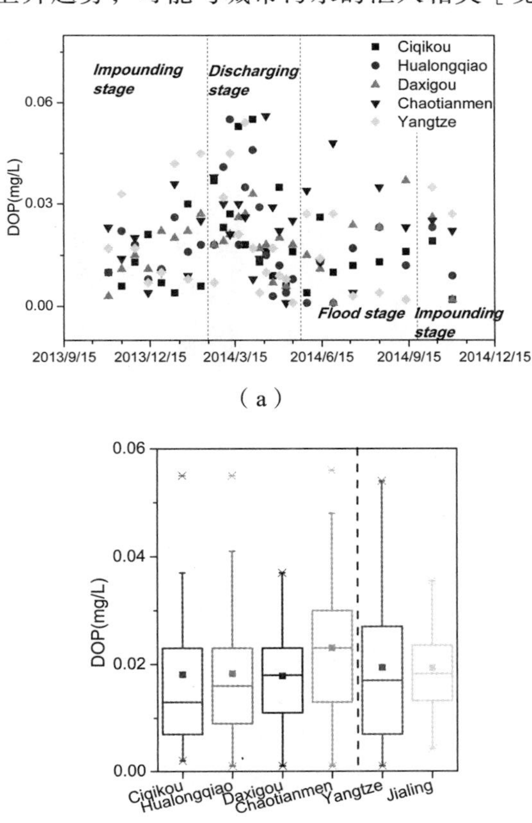

图 2.36　不同采样点溶解性有机磷变化情况（a）及对比情况（b）

如图 2.37 所示为不同时期磷素含量及不同磷形态所占比例。嘉陵江溶解性正磷酸盐、溶解性有机磷含量均高于长江，前者分别占 TP 比例为 42.1%、17.3%，而长江中 SRP、DOP 分别占比 40.6%、8.6%，这表明嘉陵江主城段水体磷素污染较长江更高。嘉陵江颗粒磷含量要低于长江，其在嘉陵江占比为 40.6%，在长江占比高达 50.7%，表明其主要来源为水体对消落带及河道的冲刷。具体从蓄水期、消落期、汛期三个不同时期对嘉陵江主城段水体磷素的占比进行分析，SRP 在三个时期的比例分别为 61.6%、34.5%、35.3%，DOP 在三个时期占 TP 比例分别为 18.6%、23.2%、9.7%，PP 在三个时期占 TP 比例分别为 19.8%、42.3%、55.0%。由上述数据可知，随着嘉陵江流量的增加，SRP、DOP 占比均会下降，而 PP 会出现大幅上升，水体 PP 受到的面源影响显然要高于其他形态磷。

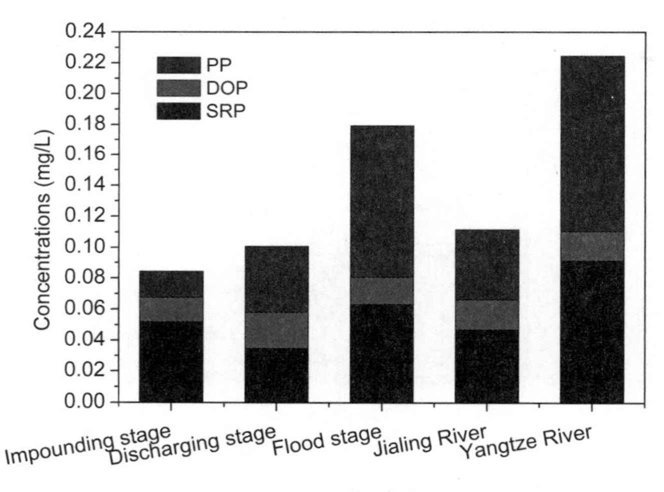

图 2.37　不同时期磷素比例

嘉陵江主城段及长江两江交汇口段 EHP 含量变化如图 2.38（a）所示，全年 EHP 浓度变化范围分别为 0.007 ~ 0.026 mg/L 和 0.004 ~ 0.051 mg/L，平均值分别为（0.014 ± 0.005）mg/L 和（0.018 ± 0.013）mg/L。对嘉陵江和长江 EHP 浓度进行独立样本 Kruskal-Wallis 检验（$n = 28$，$P<0.05$），发现嘉陵江水体 EHP 含量与长江 EHP 含量无显著性差异，如图 2.38（b）所示。由于碱性磷酸酶的催化底物为有机磷，因此 EHP 的主要成分为有机磷[154]，其含量年变化规律与 DOP 具有相似之处。蓄水期 EHP 含量在全年相对较低，平均值为（0.012 ± 0.006）mg/L；消落期 EHP 含量波动较大，2014 年 3 月 26 日出现最高值为 0.026 mg/L，而后有所下降，平均值为（0.017 ± 0.009）mg/L；

汛期 EHP 含量较低，平均为（0.015 ± 0.011）mg/L，在 2014 年 8 月 15 日出现最低值 0.009 mg/L。从嘉陵江沿程来看，从上游至下游 EHP 浓度呈现上升趋势，应现象与城市污水的汇入有关［见图 2.38（b）］。

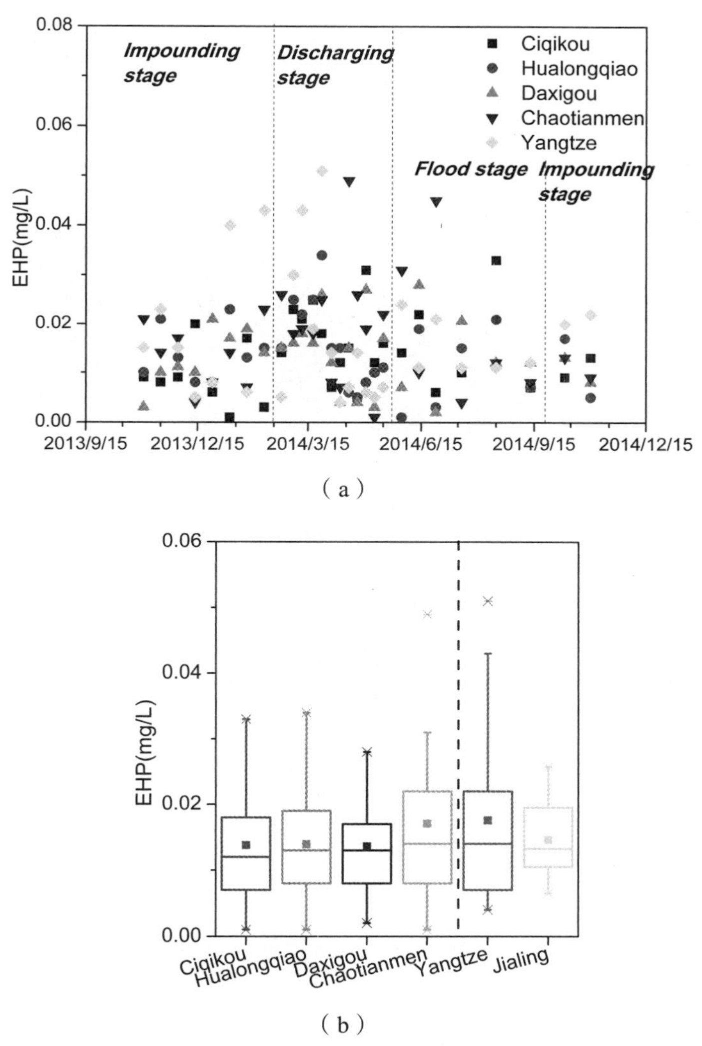

图 2.38　不同采样点可酶解磷变化情况（a）及对比情况（b）

可酶解磷在嘉陵江及长江总磷中所占比例分别为 13.1%和 7.8%，显然嘉陵江水体对藻类生长更为适合，同时也表明嘉陵江水体的有机污染较长江更为严重。从不同时期来看，嘉陵江水体在蓄水期、消落期和汛期 EHP 所占比例分别为 14.4%、16.6%和 8.1%，实际上 EHP 的绝对浓度并未有太大变化，而是其他形态的磷素增加导致 EHP 所占比例在全年出现波动。如图 2.39 所示，可以看出，消落期水体的可酶解磷所占比例最高，为藻类的生长提供了有利条件。

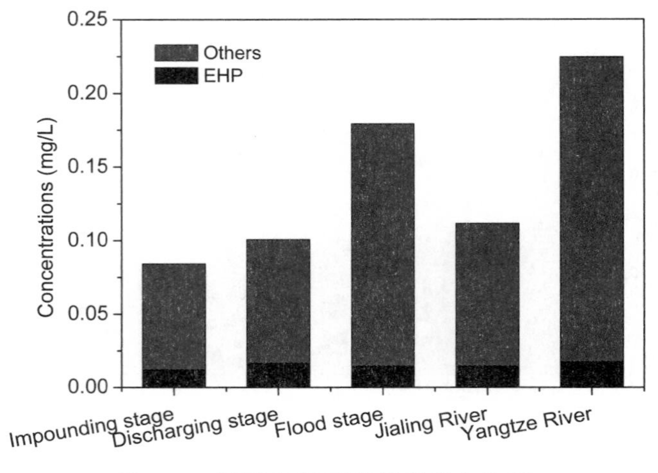

图 2.39　不同时期可酶解磷所占比例

2.4.4　氮磷比变化规律

嘉陵江主城段及长江两江交汇口段 N/P 变化如图 2.40（a）所示，全年 N/P 变化范围分别为 7.14 ~ 24.70 和 3.94 ~ 12.22，平均值分别为（17.38 ± 4.51）和（6.45 ± 2.09）。对嘉陵江和长江 N/P 进行 ANOVA 检验（n = 28，P<0.05），发现嘉陵江水体 N/P 与长江 N/P 无显著性差异，如图 2.40（b）所示。水体 N/P 比常常用于判断水体是否适合藻类生长，当 N/P 小于 22，同时 TP 大于 0.02 mg/L 时，水体被认为极易诱发藻华[155]。事实上，三峡库区次级河流的大部分水体达到了 N/P 和 TP 的阈值，然而并没有爆发藻华[10, 75]。由于 TN 在不同时期浓度变化不大，同时 TP 在夏季远高于其他季节，因此可以从图中看到夏季 N/P 要显著低于其他季节。蓄水期 N/P 较高，平均值为（19.233 ± 4.487）；消落期 N/P 波动较大，在 2014 年 4 月 17 日有最大值 24.70，平均值为（18.451 ± 5.361）；汛期期间 N/P 为全年最低，平均值为（12.171 ± 4.990），并且在 2014 年 9 月 12 日有最小值为 7.14。从嘉陵江不同点位 N/P 水平来看，磁器口处 N/P 要略低于其他点位。

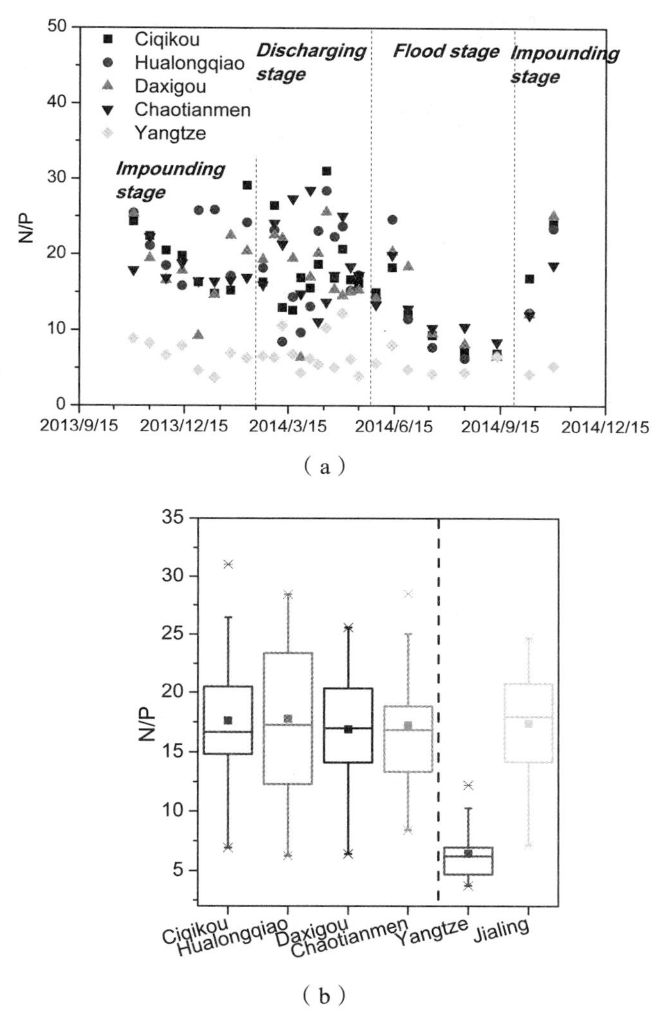

（a）

（b）

图 2.40　不同采样点氮磷比变化情况（a）及对比情况（b）

2.5　主要环境指标间相关性研究

找到水体不同环境指标的年变化规律，有助于人们掌握嘉陵江主城段水体的营养情况。然而，为了探究各指标的变化机理、明确各指标的影响因素，需要对水体各指标之间的关系做进一步分析。同时，不同水环境环境指标间往往存在一定的内在联系，找到不同指标间的相关性，对于研究水体富营养化过程和藻华形成机制同样具有重要意义。

如表 2.1 所示为通过“Spearman 双变量相关性分析”而得出的嘉陵江主城段消落带水体水文指标、常规水质指标及水体常规金属离子指标间的相关系数矩阵。其中涉及 Mg、Fe、Zn 的相关系数均基于全年 15 个时间点数据分析得出，其他相关系数均基于全年 28 个时间点数据分析得出。

表 2.1　主要环境指标间的相关性矩阵

相关性	T	V	pH	DO	Chla	SD	COD_{Mn}	Mg	Fe	Zn
T	—	—	—	—*	—	—	—	—	—	—
V	0.594**	—	—	—	—	—	—	—	—	—
pH	0.452*	0.675**	—	—	—	—	—	—	—	—
DO	−0.903**	−0.287	−0.276	—	—	—	—	—	—	—
Chla	0.010	0.467*	0.738**	0.236	—	—	—	—	—	—
SD	−0.399*	−0.698**	−0.578**	0.194	−0.275*	—	—	—	—	—
COD_{Mn}	0.276	0.695**	0.436*	−0.066	0.175	−0.702**	—	—	—	—
Mg	−0.679**	−0.114	−0.290	0.804**	0.247**	0.260	−0.168	—	—*	—
Fe	−0.604*	−0.007	−0.034	0.736**	0.391*	−0.063	−0.089	0.782**	—	—
Zn	−0.175	0.025	0.443	0.314	0.654	−0.168	−0.211	0.368	0.336	—
level	−0.512**	−0.972**	−0.690**	0.203	−0.523**	0.745**	−0.717**	−0.018	−0.093**	−0.100**

**. 在置信度（双测）为 0.01 时，相关性是显著的。

*. 在置信度（双测）为 0.05 时，相关性是显著的。

如表 2.1 所示，流速与水位呈极显著高度负相关，相关性因子达 −0.972，此结果印证了 2.4.1 节中针对流速影响因子的研究结论。因此，嘉陵江主城段作为三峡库区中长江主要次级河流，其流速主要受到三峡库区蓄水位的影响，且水位越高流速越慢。水体 pH 被认为同时受到温度和外源污染的影响，其中水体随着温度的升高使得电离度增大，从而电离出更多的 H^+，导致 pH 的下降，因此温度应与水体 pH 呈负相关。然而，实际上嘉陵江主城段 pH 与 T 的相关系数为 0.452，与理论推测不符，这可能是由于其他因子对 pH 的影响所致。例如，代表外源污染的水体 COD_{Mn} 与 pH 呈显著正相关，当夏季温度较高时，COD_{Mn} 同样也处在较高水平。在 COD_{Mn} 与 T 的共同作用下，夏季 pH 相对冬季仍有所上升，这使得 pH 与 T 呈现正相关性。水体中 DO 主要受到水温的影响，表中 DO 与 T 的相关系数高达 −0.903，这证明了 DO 与 T 之间的负相关关系，符合温度对水中气体溶解度的影响规律。水体生物量常用 Chla 的含量表示，生物量常常受到多种因素的影响，例如 COD_{Mn}、金属离子等含量均与生物量成正比；pH 也与 Chla 含量成正比，表明嘉陵江主城段水体中浮游植物偏好碱性环境；此外，流速与 Chla 含量成正比，流速在较缓时，水体流速的增加有利于营养盐及 CO_2 等扩散，有助于生物量的增长，然而在流速较大时其将抑制水体生物量的增长，考虑到 Chla 含量受流速影响的特性，结合其他因子对 Chla 含量的影响，Chla 含量与 V 在全年呈现中度正相关。水体透明度主要受到泥沙及水生生物分泌的有机物等因素影响[156]，因此其应与流速及生物量成反比，如表 2.1 所示，SD 与 V、Chla 分别呈中度负相关性和低度负相关性，与李一平对太湖水体透明度的研究结果相似。水体高锰酸盐指数是水体污染的代表性参数之一，在流速增大时，将会有更多的污染物随着雨水的冲刷及河水的浸淋汇入水体，面源污染的加剧使得 COD_{Mn} 将随 V 增大而增大，如表 2.1 中所示，二者间呈现中度正相关关系。水体中金属离子主要源自面源的冲刷、浸淋以及点源的污水汇入，因此其与 V、COD_{Mn} 等应成正比，然而实际上金属离子与它们并无显著相关性，这是由于 V 增大的同时流量也在增大，对水体污染物及金属离子造成了一定的稀释作用，抵消了外源金属离子输入增多所造成的影响。

如表 2.2 所示为通过“Spearman 双变量相关性分析”而得出的嘉陵江主城段水体不同形态碳素与相关环境指标间的相关系数矩阵，不同指标间的相关性均基于全年 28 个时间点数据分析得出。

表 2.2　碳素与相关环境指标间的相关性矩阵

相关性	T	V	pH	DO	Chla	SD	COD_{Mn}	CO_2
CO_2	−0.464*	−0.671**	−0.996**	0.286	−0.729**	0.560**	−0.432*	—
TC	−0.909**	−0.705**	−0.635**	0.779**	−0.215	0.540**	−0.400*	0.640**
TIC	−0.892**	−0.744**	−0.682**	0.745**	−0.260	0.574**	−0.416*	0.686**
TOC	0.769**	0.806**	0.838**	−0.575**	0.452*	−0.662**	0.521**	−0.837**
TDC	−0.885**	−0.794**	−0.708**	0.715**	−0.304	0.623**	−0.455*	0.713**
DIC	−0.885**	−0.794**	−0.708**	0.715**	−0.304	0.623**	−0.455*	0.713**
DOC	0.589**	0.347	0.685**	−0.527**	0.371	−0.249	0.080	−0.692**
TPC	0.784**	0.911**	0.759**	−0.547**	0.444*	−0.683**	0.561**	−0.762**
PIC	0.756**	0.916**	0.727**	−0.510**	0.447*	−0.674**	0.544**	−0.727**
POC	0.753**	0.878**	0.835**	−0.538**	0.485**	−0.695**	0.579**	−0.835**

**. 在置信度（双测）为 0.01 时，相关性是显著的。
*. 在置信度（双测）为 0.05 时，相关性是显著的。

如表 2.2 所示，水体 CO_2 含量与 pH 呈极显著高度负相关，且相关系数接近于 – 1，表明水体二氧化碳含量基本可由水体 pH 推算。这是由于 pH 的变化将对水体中存在的碳酸平衡产生影响，当 pH 较高时将会有更多的 CO_2 转化为 HCO_3^- 甚至 CO_3^{2-}，而当 pH 较低时，碳酸平衡将会向反方向移动。此外，水体 CO_2 浓度还会受到大气压力和温度的影响，大气 CO_2 分压越高，水体 CO_2 浓度越高，而环境温度越高，水体 CO_2 的溶解度将会降低，这符合气体在水中的溶解度变化规律。如表 2.2 所示，CO_2 浓度与 T 呈中度负相关性，有效印证了 CO_2 浓度与 T 的关系。由于水体总碳按化学成分来看主要为无机碳，按物理形态来看主要为溶解性碳，同时 DIC 占 TC 的比例高达 67.3%，因此 TC、TIC、TDC 及 DIC 这四项指标的变化规律和主要影响因素较为相似。例如夏季流量较大，会对水体碳素产生稀释作用，且稀释作用大于雨水带来的面源污染对水体碳素的补充，因此这四项碳素指标应与流量成反比；流量与水体流速又呈一定程度的正相关性，因此由以上推论得到了流速与这四类碳素高度负相关性的有效印证。另一方面，水体中 CO_2 的溶解与转化是溶解性无机碳、溶解碳、无机碳以及总碳的重要来源[157]，因此 CO_2 浓度与这四种碳素呈显著正相关关系。水体总有机碳浓度代表了水环境有机污染的程度，而水中的有机物主要来源于外源面源输入、外源点源输入以及内源补充[158]。具体来看，外源面源输入的有机碳主要源于雨水、河水对消落带底泥及附近区域的冲刷，因此其与流速相关；点源输入的有机碳与 COD_{Mn} 具有一定联系；水生生物分泌的有机物也是水体有机物的重要来源之一，因此内源补充与水体生物量相关。如表 2.2 所示，V 与 TOC 呈高度正相关，COD_{Mn}、Chla 含量均与 TOC 呈中度正相关，与上述推论一致。DOC 是 TOC 的主要组成成分，其来源与 TOC 相似，不同的是 DOC 在流量较大时所受到的水体稀释作用要强于 TOC，因此其与 V、COD_{Mn}、Chla 含量虽成正相关，然而其相关程度均较低。TOC 的另一组成成分 POC 浓度在流量较大时会有显著的提高，其由冲刷带来的颗粒有机碳补充要远高于水体对其的稀释作用。PIC 及 TPC 均与 POC 有类似的变化趋势，表明其来源与 POC 相似，均源自雨水及河水冲刷作用所带来的面源输入，因此 TPC、PIC、POC 与 V 均呈高度正相关。此外，由于水生生物能为水体带来部分颗粒有机碳，因此二者应存在一定联系，而表 2.2 中 POC 与 Chla 含量的极显著中度正相关关系有效证明了这一点。

如表 2.3 所示为通过“Spearman 双变量相关性分析”而得出的嘉陵江主城段水体不同形态氮素与相关环境指标间的相关系数矩阵，不同指标间的相关性均基于全年 28 个时间点数据分析得出。

表 2.3　氮素与相关环境指标间的相关性矩阵

相关性	T	V	pH	DO	Chla	SD	COD_{Mn}
TN	0.148	0.499**	0.253	0.010	0.184	−0.415*	0.417*
NO_3^--N	−0.221	0.259	0.209	0.292	0.167	−0.372	0.345
NO_2^--N	−0.476*	−0.617**	−0.498**	−0.274	−0.279	0.724**	−0.433*
NH_4^+-N	−0.507**	−0.501**	−0.037	0.418*	0.168	0.495**	−0.310

**. 在置信度（双测）为 0.01 时，相关性是显著的。

*. 在置信度（双测）为 0.05 时，相关性是显著的。

如表 2.3 所示，与 TN 具有内在联系的指标主要有 V、COD_{Mn}、SD 及 Chla 含量。TN 与 V 呈中度正相关，TN 主要来源有雨水带来的面源污染和排污带来的点源污染[144]，当 V 增大时 TN 同时也增大，表明嘉陵江主城段水体中雨水及河水带来的氮素补充要大于水体对氮素的稀释作用，同样也说明水体氮素受面源污染的影响要大于点源污染。TN 与 COD_{Mn} 同样呈中度正相关，这应与二者的来源较为相似有关，且 COD_{Mn} 中包含了部分氮素。TN 与 SD 呈中度负相关，这也可从 SD 与 V 之间的负相关、TN 与 V 的正相关关系推断得出。TN 与 Chla 含量相关性较低且相关性不显著，这表明不是所有形态的氮素均能对水生生物生长有促进作用。NO_3^--N 是 TN 的主要组成氮素之一，占 TN 的 64.8%，因此其与各因素间的相关性与 TN 相似，其与 V、COD_{Mn}、SD 均存在内在联系。然而，事实上 NO_3^--N 含量与 V、COD_{Mn}、SD 间的相关性并不高，这表明点源 NO_3^--N 在 NO_3^--N 中所占比例要高于点源 TN 在 TN 中所占比例。NO_2^--N 在水体中极不稳定，容易被氧化为 NO_3^--N，因此水体中 NO_2^--N 极少，并且其与相关环境参数间的相关性较 NO_3^--N 有很大不同。任何能降低水环境稳定性的因素，都会降低水体 NO_2^--N 的含量[147]。例如水体溶氧升高，将会使得亚硝氮氧化为硝氮，pH 的上升、温度的上升同样会使得亚硝氮显著减少，水生生物的存在也会导致 NO_2^--N 被迅速转化，因此 NO_2^--N 含量与表格中大部分的环境因子呈负相关性。NH_4^+-N 是水体中另一种常见的氮形态，主要来自农业面源污染、生活污水点源污染和水生生物造成的内源污染[159]。而 NH_4^+-N 含量与 V 的负相关性表明，嘉陵江主城段点源氨氮影响要大于面源氨氮。

如表 2.4 所示为通过“Spearman 双变量相关性分析”得出的嘉陵江主城段水体不同形态磷素与相关环境指标间的相关系数矩阵，不同指标间的相关性均基于全年 28 个时间点数据分析得出。

表 2.4　磷素与相关环境指标间的相关性矩阵

相关性	T	V	pH	DO	Chla	SD	COD_{Mn}	EHP
TP	0.409*	0.746**	0.647**	− 0.203	0.276	− 0.742**	0.721**	0.069
TDP	0.522**	0.314	− 0.132	− 0.480*	− 0.521**	− 0.341	0.374	− 0.371
PP	0.325	0.795**	0.817**	− 0.085	0.582**	− 0.683**	0.704**	0.146
SRP	0.637**	0.325	− 0.106	− 0.590**	− 0.521**	− 0.260	0.316	− 0.383*
DOP	− 0.294	0.188	0.428*	0.379*	0.530**	− 0.258	0.206	0.361*
EHP	− 0.318	0.196	0.131	0.451*	0.391*	− 0.080	− 0.009	—

**. 在置信度（双测）为 0.01 时，相关性是显著的。

*. 在置信度（双测）为 0.05 时，相关性是显著的。

如表 2.4 所示，与 TP 有内在联系的指标主要有 V、COD_{Mn}、Chla 含量、SD 等。可以看到 TP 与 V、COD_{Mn} 呈高度正相关，与 Chla 含量呈低度正相关，与 SD 呈高度负相关。TP 与 V 的正相关性主要源自河水及雨水对消落带底泥及周边的冲刷作用，由于降雨量的增加使得嘉陵江水体流量及流速均有所上升，从而导致 TP 浓度伴随 V 的升高而升高。TP 与 COD_{Mn} 的高度正相关主要原因是磷素与 COD_{Mn} 来源均包括农业面源污染、消落带及生活污水点源污染，同时部分有机磷具有还原性，因此被计入 COD_{Mn} 中，因此二者变化规律较为相似。TP 与 Chla 含量相关性较低且不显著，表明并不是所有的磷素均能促进水生生物的生长。TP 与 SD 的相关性较好，其原理与 TN、SD 间的相关性相似，均为间接因素影响所致。TP 又可分为 TDP 与 PP，其中 TDP 的主要成分为 SRP。因此，TDP 与 SRP 的变化特点相似，其与各指标间的相关度也较为相似。与 TDP 及 SRP 有内在联系的指标主要有 V、Chla 含量、COD_{Mn} 等，其中 V 与二者呈低度正相关，Chla 含量与二者呈中度负相关，COD_{Mn} 与二者呈低度正相关。流速与 TDP、SRP 的相关性相对总磷与二者相关性更低，这表明二者受面源污染的影响相对 TP 较小。Chla 含量与 SRP 和 TDP 的负相关性均为 − 0.521，这是由于水生植物的生长需要消耗一定的溶解磷或溶解性正磷酸盐。COD_{Mn} 与 TDP、SRP 的相关性同样较低，这是由于 COD_{Mn} 是水体中还原性物质和有机物的总量，而 SRP 为无机物且不具还原性，同时 TDP 也主要以 SRP 为主要成分。除 SRP 外，TDP 还包括一定量的 DOP，与其有内在联系的相关指标有 V、Chla 含量、COD_{Mn}、EHP 等。从表 2.4 中可以发现，DOP 与 V 无显著相关性，这是由于雨水带来的面源溶解性有机磷与流量增大形成的稀释作用相互抵消导致的。DOP 与 COD_{Mn} 的相关性也较低，表明 DOP 对水体 COD_{Mn} 的贡献较少。DOP 与 Chla 含量呈中度正相关，这是由于 Chla 含量是 DOP 的重要成分之一；同时 DOP 与 EHP 呈低度正相关，碱性磷酸酶的酶解对象主要是溶解性有机磷，因此其与水体 DOP 具有一定相关性。

2.6 本章小结

本章以嘉陵江主城段磁器口、化龙桥、大溪沟和朝天门四个采样点水体作为研究对象，以长江两江交汇口水体作为对照样本，对嘉陵江消落带水体中水文指标、常规水质指标、主要金属元素的变化规律及分布特性进行了研究，对消落带水体中碳、氮、磷元素的分布形态、含量、比例及变化规律进行了研究，并对不同指标间的相关性进行了研究和分析，主要结论如下：

（1）嘉陵江及长江水体流速均受到三峡库区蓄水水位影响，汛期流速明显高于消落期，消落期高于蓄水期；嘉陵江主城段流速全年变化范围为 0.011 ~ 0.355 m/s，长江流速显著高于嘉陵江流速。嘉陵江及长江水温主要受到气温的影响，汛期温度显著高于其他时期，同时消落期水温略高于蓄水期；嘉陵江主城段水温全年变化范围为 9.85 ~ 29.9 °C，长江与嘉陵江水温无显著差异。嘉陵江及长江溶氧含量主要受到水温的影响，汛期溶氧显著低于其他时期，消落期略高于蓄水期；嘉陵江主城段 DO 全年变化范围为 6.66 ~ 10.11 mg/L，长江与嘉陵江 DO 无显著性差异。嘉陵江主城段水体 pH 受水体污染、水生生物及水温等影响，蓄水期 pH 略低于其他时期，消落期 pH 与汛期 pH 无显著性差异；嘉陵江水体 pH 全年变化范围为 7.61 ~ 8.29，长江水体 pH 与嘉陵江水体 pH 无显著性差异。嘉陵江及长江水体 SD 主要受到流速影响，蓄水期 SD 高于消落期，消落期 SD 高于汛期；嘉陵江主城段水体 SD 全年变化范围为 0.60 ~ 1.50 m，长江水体 SD 显著低于嘉陵江水体 SD。嘉陵江及长江水体 COD_{Mn} 主要受水体污染物的影响，汛期 COD_{Mn} 高于消落期，消落期 COD_{Mn} 高于蓄水期；嘉陵江主城段水体 COD_{Mn} 全年变化范围为 2.16 ~ 6.30 mg/L，长江水体 COD_{Mn} 与嘉陵江水体无显著性差异。嘉陵江及长江水体 Chla 含量代表着水体浮游植物生物量大小，消落期水体 Chla 含量显著高于其他时期，汛期 Chla 含量比蓄水期略高；嘉陵江主城段水体 Chla 含量全年变化范围为 1.25 ~ 13.40 mg/L，长江水体 Chla 含量要显著低于嘉陵江。

（2）嘉陵江及长江水体中金属离子含量主要由流域内岩石、土壤成分决定，同时外源污染的影响也不可忽视。在全年三个不同时期，Zn^{2+}、Mg^{2+}、Fe^{3+} 三种金属离子含量表现出相同的分布规律，消落期金属离子含量要显著高于其他时期，同时蓄水期水体金属离子含量要高于汛期水体。嘉陵江主城段水体 Zn^{2+}含量全年变化范围为 0.022 ~ 0.081 mg/L，Mg^{2+}含量全年变化范围为 15.44 ~ 19.30 mg/L，Fe^{3+}含量全年变化范围为 0.21 ~ 0.53 mg/L，长江水体 Zn^{2+}及 Mg^{2+}含量显著低于嘉陵江，Fe^{3+}含量显著高于嘉陵江。

（3）水体四种基本碳素形态来源不一，DIC 主要源于土壤淋溶、岩石风化及二氧化碳溶解等，DOC 主要来源于土壤及底泥淋溶、污水汇入及生物新陈代谢等，PIC 源于水体的冲刷及岩石的风化等，POC 源于水体冲刷、污染物排放及水生生物的生长及代谢等。另一方面，水体流量大小对水体不同碳素也会产生不同程度的稀释作用。四种基本碳素相对占比依次为 DIC > PIC > DOC > POC，所占比例分别为 67.3%、18.9%、9.5%、3.4%。嘉陵江主城段水体 TC、TDC、TIC 及 DIC 的变化规律相似，蓄水期浓度较高，汛期浓度较低，消落期波动较大，平均浓度介于二者之间。在全年的变化范围分别为 27.15 ~ 41.14 mg/L 、17.55 ~ 36.27 mg/L 、21.57 ~ 37.40 mg/L 、14.00 ~ 33.00 mg/L，且嘉陵江各碳素浓度显著高于长江。嘉陵江主城段水体 TOC、TPC、PIC、POC 的变化规律与前四种碳素相反，汛期较高、蓄水期较低，消落期波动剧烈，平均浓度介于两个时期浓度之间。在全年的变化范围分别为 3.64 ~ 5.58 mg/L、4.87 ~ 9.89 mg/L、4.39 ~ 8.00 mg/L、0.48 ~ 1.90 mg/L，嘉陵江 TOC 含量显著高于长江，而 TPC、PIC、POC 含量显著低于长江含量。嘉陵江主城段 TOC 含量在全年不同时期平均值无显著差异，全年变化范围为 3.10 ~ 3.72 mg/L，且长江 TOC 浓度显著低于嘉陵江。嘉陵江 CO_2 含量与水体 pH 呈高度负相关，蓄水期 CO_2 浓度显著高于汛期，而汛期浓度要略高于消落期；全年 CO_2 浓度变化范围为 2.07 ~ 11.68 mg/L，且长江及嘉陵江水体 CO_2 含量无显著差异。

（4）水体氮素主要受到面源污染及点源污染两个方面的影响。水体氮素主要以 NO_3^--N 为主，不同氮形态占比依次为 NO_3^--N > NH_4^+-N > NO_2^--N，所占总氮比例分别为 64.8%、14.8%、0.9%。嘉陵江主城段水体中 TN 及 NO_3^--N 分布规律相似，二者在蓄水期、消落期、汛期含量逐渐上升，在全年的变化范围分别为 1.26 ~ 2.42 mg/L、0.87 ~ 1.42 mg/L。NO_2^--N 与 NH_4^+-N 含量的变化规律相似，从蓄水期至汛期含量逐渐降低，全年变化范围分别为 0.008 ~ 0.021 mg/L、0.17 ~ 0.34 mg/L。不同氮素在嘉陵江主城段中的含量均显著高于长江。

（5）水体磷素来源与氮素相似，均包括面源污染及点源污染两方面。不同形态磷素占比依次为 SRP > PP > DOP，所占 TP 比例分别为 42.1%、40.6%、

17.3%。嘉陵江主城段水体中 TP 与 PP 的分布规律相似，从蓄水期至汛期含量均逐渐上升，全年变化范围分别为 0.069 ~ 0.247 mg/L、0.010 ~ 0.158 mg/L。TDP 与 SRP 变化规律相似，消落期含量均显著低于其他时期，汛期含量略高于蓄水期，全年变化范围分别为 0.040 ~ 0.089 mg/L、0.014 ~ 0.068 mg/L。DOP 在消落期的含量显著高于其他时期，全年变化范围为 0.004 ~ 0.036 mg/L。水体 EHP 在全年变化不大，消落期略高于其他时期，全年变化范围为 0.007 ~ 0.026 mg/L，占 TP 比例为 13.1%。长江 DOP、EHP 含量与嘉陵江无显著性差异，而长江中其他磷素的含量均显著高于嘉陵江。

（6）嘉陵江主城段水体不同常规水文、水质指标之间具有以下相关关系：V 与蓄水水位呈高度负相关；pH 与 T、COD_{Mn} 呈中度正相关；DO 与 T 呈高度负相关；Chla 含量与 V 呈中度正相关，与 pH 呈高度正相关，与 Mg^{2+}、Fe^{3+} 含量低度正相关；SD 与 V 呈中度负相关，与 Chla 含量呈低度负相关；COD_{Mn} 与 V 呈中度正相关。

水体碳素与主要环境指标主要存在以下关系：CO_2 含量与 pH 呈高度负相关，与 T 呈中度负相关；水体 TC、TIC、TDC、DIC 与 V 均呈高度负相关，TC、TIC 与 CO_2 含量呈中度正相关，TDC、DIC 与 CO_2 含量呈高度正相关；TOC 与 V 高度正相关，与 Chla 含量、COD_{Mn} 中度正相关；TPC、PIC、POC 与流速呈高度正相关，POC 与 Chla 含量呈中度正相关。

水体氮素与主要环境指标主要存在以下关系：TN 与 V、COD_{Mn} 呈中度正相关，SD 与 TN 呈中度负相关；NO_3^--N 含量与 V、COD_{Mn} 呈低度正相关，然而并不显著；NO_2^--N 含量与 T、V、pH、COD_{Mn} 呈中度负相关，与溶氧呈低度负相关；NH_4^+-N 含量与 V 呈中度负相关。

水体磷素与主要环境指标主要存在以下关系：水体 TP 与 V、COD_{Mn} 呈高度正相关，与 Chla 含量呈低度正相关，与 SD 呈高度负相关；TDP、SRP 与 V 呈低度正相关，与 Chla 含量呈中度负相关，与 COD_{Mn} 呈低度正相关；DOP 与 Chla 含量呈中度正相关，EHP 与 DOP 呈低度正相关。

第 3 章　嘉陵江主城段酶活变化规律及其影响因素研究

3.1　引　言

在第 2 章中本书对水文指标、常规水质指标、主要金属元素、碳氮磷元素等进行了分析和研究，研究表明水体生物量与碳氮磷等元素并不一定成正比，并且部分营养盐指标与生物量间相关度较低或相关性不显著，这就表明仅仅用营养盐元素并不能较好地解释水体中藻类的增长及形成机制。

酶是藻类细胞乃至生物细胞在生长及繁殖过程中不可或缺的一类物质，其在藻类对营养盐的利用过程中具有重要作用。酶通常可将藻类难以直接吸收利用的底物分子分解及转化为可利用的营养盐形态，例如碳酸酐酶可将 CO_2 转化为 HCO_3^-，硝酸还原酶可将 NO_3^- 转化为 NO_2^-，碱性磷酸酶可将有机磷转化为 PO_4^{3-} [84-90]。因此，藻类的生长不仅与营养盐浓度相关，也与藻类对营养盐的利用能力相关。

本章将选择与藻类碳氮磷吸收相关的碳酸酐酶、硝酸还原酶及碱性磷酸酶三种酶作为研究对象，研究嘉陵江主城段水体中各酶酶活性大小及变化规律，并通过相关性分析研究不同酶活性的影响因素，同时利用回归分析得到不同酶活性的经验监测方程，以揭示水体中不同酶活性的变化规律及机理，从而为监测及预测藻类的生长情况提供依据。

3.2　酶活性测定方法

3.2.1　碳酸酐酶活性测定

本书中所采用的碳酸酐酶活性检测方法是基于 1948 年 Wilbur 和 Anderson 发明的量电法[160]所改进。其原理为通过往样品中加入 0 °C 饱和 CO_2 溶液，测定反应体系 pH 下降一定程度所需时间，以此来表征碳酸酐酶酶活性，具体步骤如下：

称取 1.84 g 巴比妥、10.30 g 巴比妥钠，加水稀释至 1 L 并滴加盐酸将 pH 调至 8.3，即为 pH = 8.3 的巴比妥缓冲液。在 4 °C 环境下，向二蒸水中通入二氧化碳半小时以上，制得含饱和二氧化碳的蒸馏水。取 100 mL 原位水样，用离心机在 6 000 g 下对其离心 10 min，去上清液并收集藻细胞，利用 4 °C 预冷的巴比妥缓冲液对其进行洗涤一次后，重新用 8 mL 巴比妥缓冲液悬浮藻细胞。将巴比妥藻液置于密闭离心管中并借助超声波细胞粉碎仪破碎 1 min 后取出。在 4 °C 环境下将 4 mL 饱和二氧化碳蒸馏水迅速加入细胞均浆液中，并利用 pH 计记录 pH 从 8.3 降至 7.8 所需的时间。另一方面，用蒸馏水代替原位水样进行平行试验，并同样记录 pH 从 8.3 降至 7.8 所需时间。碳酸酐酶酶活性通过样品和对照样 pH 下降用时计算，用 EU 表示，计算公式如下：

$$EU = \frac{T_0}{T} - 1 \quad (3.1)$$

其中，T 为样品 pH 下降所需时间，T_0 为对照样所需时间。

3.2.2　硝酸还原酶活性测定

本书中硝酸还原酶活性测定方法为活体法[161]。其原理是利用样品中的硝酸还原酶，将硝酸盐还原为亚硝酸盐，而亚硝酸盐与对氨基苯磺酰胺和萘基乙二胺可定量生成红色偶氮化合物，通过测定吸光度从而可反推出硝酸还原酶的活性。其活性用亚硝态氮的量表示，单位为 $fmol \cdot min^{-1} \cdot cell^{-1}$，其测定过程如下：

取原位水样 200 mL，用 0.45 μm 玻璃纤维膜对水样进行抽滤，将藻细胞收集于滤膜上，并避光置于装有 9 mL pH = 7.6 的 0.1 mol/L KNO_3 溶液及 0.5 mL 甲苯的试管内，于漩涡振荡器上振荡 6 min[162]。开始酶促反应，在 25 °C 黑暗中反应 0.5 小时，间或振摇，加入 1 mL 30%三氯乙酸终止酶反应。另作一组空白对照样。将各试管摇匀静置 2 min 后，各取 2 mL 反应液，加入 4 mL 对氨基苯磺酰胺，摇匀后再加入 4 mL 萘基乙二胺，再在 35 °C 水浴中显色 15 min 后，在 540 nm 波长处比色测定。

3.2.3　碱性磷酸酶活性测定

本书中碱性磷酸酶活性测定方法采用分光光度法[163]。其主要利用碱性磷酸酶可将硝基苯酚磷酸二钠（PNP-P）水解为黄色的对硝基苯酚（PNP）的特点，从而进一步利用分光光度测定间接判断碱性磷酸酶的活性。样品中存在碱性磷酸酶，外加底物 PNP-P 后，经一定反应时间产生黄色 PNP，而 PNP 的产生速率即为碱性磷酸酶活力（APA）大小的指标，其酶活单位为 $nmol \cdot L^{-1} \cdot min^{-1}$，测定步骤如下：

将 0.113 g 对硝基苯磷酸二钠溶于水并稀释至 1 L，制得 0.3 mmol/L 的对硝基苯磷酸二钠溶液。将 12.114 g 三羟甲基氨基甲烷（Tris）溶解到 80 mL 水中，并用 1.0 mol/L 盐酸将溶液 pH 调至 8.4 左右，加水稀释至 100 mL 制得 Tris 缓冲溶液。取 0.2 g 2, 6-二溴苯醌氯酰亚胺，并用 10 mL 96%乙醇溶解，进一步稀释至 100 mL 制得 Gibbs 试剂。取 1.391 g 硝基苯酚溶于蒸馏水中，并稀释至 1 L 制得硝基苯酚标准母液，取 10 mL 母液稀释至 1 L 得到硝基苯酚工作液。取 50 mL 比色管，加入 5 mL 水样及 5 mL 对硝基苯磷酸二钠溶液，用 Tris 缓冲液调节 pH 至 8.4，在 30 °C 的恒温箱中培养 6 h；取出比色管并加入 5 mL Tris 缓冲液和 1 mL Gibbs 试剂，用二蒸水稀释至 50 mL 刻度线，静置 30 min 后在 410 nm 波长处测定吸光度。

3.2.4 统计分析

本书数据通过 SPSS version 20.0 分析，并以“均值 ± 标准差”形式表示。所有数据均通过“Shapiro-Wilk 检验”判断是否符合正太分布；由于 NRA、APA 不符合正态分布，因此在不同采样点处数据之间的显著性差异检验中，对 NRA、APA 采取“独立样本 Kruskal-Wallis 检验”，而对 CAA 则采取“one-way ANOVA”检验，二者均采用 $P<0.05$ 作为显著性（Sig.）水平。为了解释不同参数之间的内在联系，本书通过“Spearman 相关性检验”，在 $P<0.05$ 的水平下得到酶活性与相关参数之间的相关性矩阵。同时利用回归分析对各酶活与相关参数之间的关系进行曲线拟合，可得到相应酶活监测模型。此外，本章节研究中采用嘉陵江四个采样点的酶活性平均值作为嘉陵江主城段相应酶活，并以此与长江中的相应酶活性进行对照。

3.3 嘉陵江主城段水体酶活性变化特征

3.3.1 碳酸酐酶活性变化特征

嘉陵江主城段及长江两江交汇口段 CAA 变化如图 3.1（a）所示，全年 CAA 变化范围分别为 0.094 ~ 1.301 EU/10^6 cells 和 0.120 ~ 0.882 EU/10^6 cells，平均值分别为（0.670 ± 0.308）EU/10^6 cells 和（0.471 ± 0.206）EU/10^6 cells。对嘉陵江和长江 CAA 进行 ANOVA 检验（$n = 28$，$P<0.05$），发现嘉陵江水体

CAA 显著高于长江 CAA，如图 3.1（b）所示。从不同时期来看，蓄水期水体 CAA 呈下降趋势，在 1 月 10 日有全年最低值 0.094 EU/10^6 cells，期间平均值为（0.331 ± 0.164）EU/10^6 cells；消落期 CAA 迅速上升，并在 2014 年 4 月 3 日出现最大值 1.301 EU/10^6 cells，期间平均值为（0.889 ± 0.211）EU/10^6 cells；汛期水体 CAA 仍维持在较高水平，平均值为（0.798 ± 0.074）EU/10^6 cells。从不同采样点 CAA 的对比情况来看，在不同时期嘉陵江水体 CAA 均显著高于长江水体 CAA，且于消落期和汛期的差别更为明显。从上游磁器口至大溪沟点位处水体 CAA 呈下降趋势，而后在朝天门处水体 CAA 有一定回升，这应与水中藻生物量有一定关系。

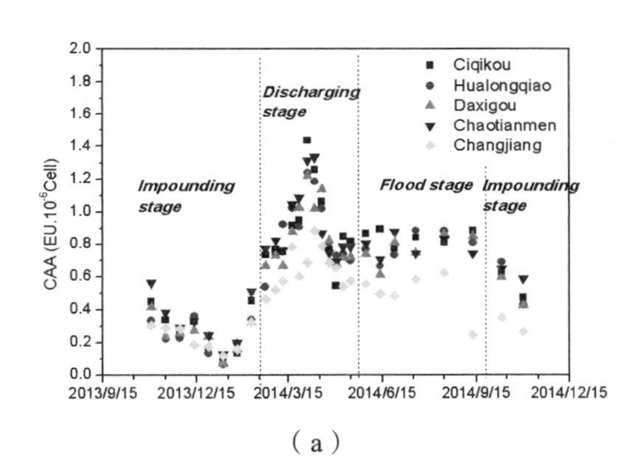

（a）

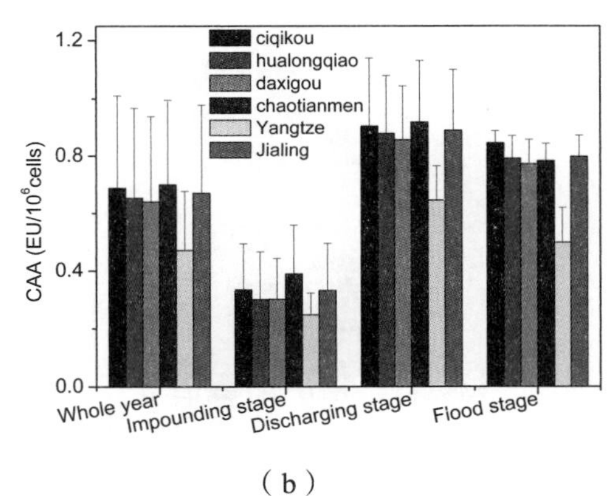

（b）

图 3.1　不同采样点碳酸酐酶活性变化情况（a）及不同时期的对比（b）

3.3.2　硝酸还原酶活性变化特征

嘉陵江主城段及长江两江交汇口段 NRA 变化如图 3.2（a）所示，全年

NRA 变化范围分别为 0.052 ~ 0.280 $\text{fmol}\cdot\text{min}^{-1}\cdot\text{cell}^{-1}$ 和 0.044 ~ 0.183 $\text{fmol}\cdot\text{min}^{-1}\cdot\text{cell}^{-1}$，平均值分别为（0.127 ± 0.058）$\text{fmol}\cdot\text{min}^{-1}\cdot\text{cell}^{-1}$ 和（0.097 ± 0.038）$\text{fmol}\cdot\text{min}^{-1}\cdot\text{cell}^{-1}$。对嘉陵江和长江 NRA 进行独立样本 Kruskal-Wallis 检验（$n = 28$，$P<0.05$），发现嘉陵江水体 NRA 显著高于长江 NRA，如图 3.2（b）所示。嘉陵江主城段水体 NRA 全年分布规律与 CAA 相似，从不同时期来看，蓄水期水体 NRA 呈下降趋势，在 2014 年 1 月 24 日有全年最低值 0.052 $\text{fmol}\cdot\text{min}^{-1}\cdot\text{cell}^{-1}$，期间平均值为（0.093 ± 0.029）$\text{fmol}\cdot\text{min}^{-1}\cdot\text{cell}^{-1}$；消落期 NRA 迅速上升,并在 2014 年 4 月 3 日出现最峰值 0.280 $\text{fmol}\cdot\text{min}^{-1}\cdot\text{cell}^{-1}$，而后迅速下降，消落期平均值为（0.159 ± 0.065）$\text{fmol}\cdot\text{min}^{-1}\cdot\text{cell}^{-1}$；汛期水体 NRA 有所回落，平均值为（0.119 ± 0.044）$\text{fmol}\cdot\text{min}^{-1}\cdot\text{cell}^{-1}$。从不同采样点 NRA 的对比情况来看，在消落期及汛期，嘉陵江水体 NRA 均显著高于长江水体 NRA，而在蓄水期期间两者并无显著性差异。从嘉陵江不同点位 NRA 水平来看，上游磁器口至大溪沟点位处水体 NRA 呈下降趋势，在朝天门处水体 NRA 有一定回升，磁器口及朝天门处 NRA 相对其他点位略高，其同样受到采样点藻类生物量的影响。

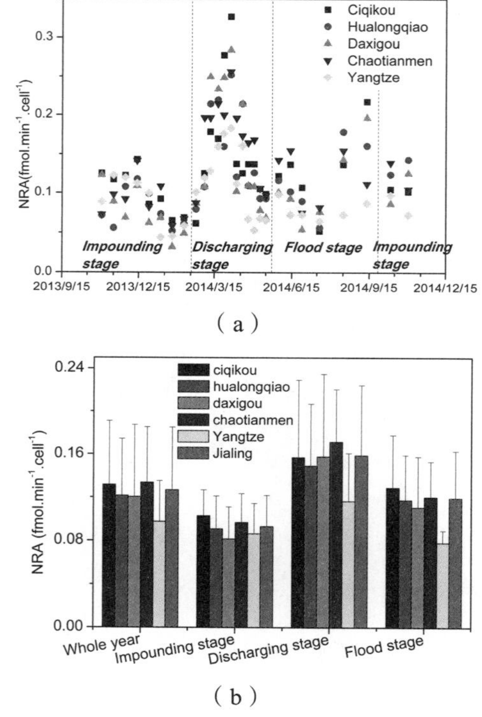

图 3.2 不同采样点硝酸还原酶活性变化情况（a）及不同时期的对比（b）

3.3.3 碱性磷酸酶活性变化特征

嘉陵江主城段及长江两江交汇口段 APA 变化如图 3.3（a）所示，全年 APA 变化范围分别为 0.442 ~ 8.679 nmol · min $^{-1}$ · L $^{-1}$ 和 0.287 ~ 6.465 nmol · min $^{-1}$ · L $^{-1}$，平均值分别为（1.701 ± 1.967）nmol · min $^{-1}$ · L $^{-1}$ 和（1.317 ± 1.221）nmol · min $^{-1}$ · L $^{-1}$。对嘉陵江和长江 APA 进行独立样本 Kruskal-Wallis 检验（$n = 28$，$P<0.05$），发现嘉陵江水体 APA 显著高于长江 APA，如图 3.3（b）所示。嘉陵江主城段水体 APA 在全年的变化规律与碳酸酐酶及硝酸还原酶活性略有不同，此现象应与水体中磷素的供给及藻类对磷素的需求相关。从不同时期来看，蓄水期水体 APA 在十月份活性较高，其他时段始终保持在较低水平，在 2014 年 2 月 7 日有全年最低值 0.442 nmol · min $^{-1}$ · L $^{-1}$，期间平均值为（1.038 ± 0.602）nmol · min $^{-1}$ · L $^{-1}$；消落期 APA 迅速上升并于 2014 年 3 月 26 日出现波峰，最大值为 8.679 nmol · min $^{-1}$ · L $^{-1}$，而后迅速下降至蓄水期水平，消落期平均值为（2.636 ± 2.663）nmol · min $^{-1}$ · L $^{-1}$；汛期水体 APA 仍然保持较低水平，平均值为（0.935 ± 0.440）nmol · min $^{-1}$ · L $^{-1}$。从不同采样点 APA 的对比情况来看，消落期嘉陵江水体 APA 显著高于长江水体 APA，其他时期均无显著性差异。从不同点位的对比情况来看，在磁器口及朝天门处 APA 要略高于其他采样点，其同样与采样点藻生物量相关。

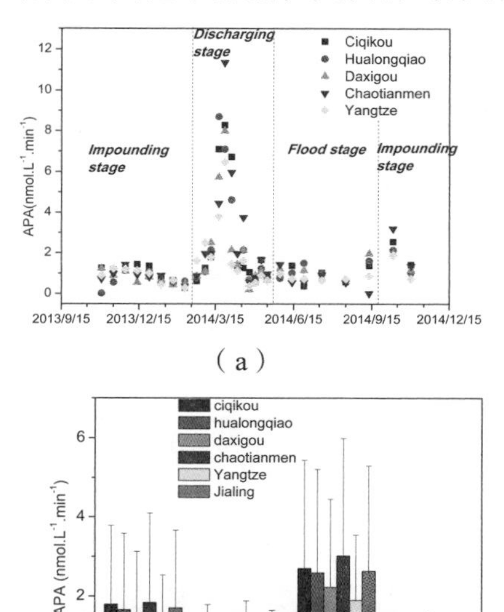

（a）

（b）

图 3.3 不同采样点碱性磷酸酶活性变化情况（a）及不同时期的对比（b）

3.4 水体酶活性影响因素研究

水体中酶的活性一般受到多个因素的共同影响，通过对众多影响因子进行分析和归类后，可大致将这些因子划分为：水温、pH、底物浓度、酶浓度、激活剂以及抑制剂六大因素[12]，其中底物、激活剂、抑制剂等既可能是一种物质，又可能是一系列物质。为了研究水体中不同酶活性的影响因子及其之间的关系，从而对水体酶活性进行有效监测和推算，本节主要通过 Spearman 双变量相关性分析对碳酸酐酶、硝酸还原酶、碱性磷酸酶与各自的相关指标间进行分析，得出三种酶活性与相关指标间的相关系数，并根据相关系数的优劣，筛选出各酶活相应的影响因素，对各因素与酶活间的关系进行讨论，进而对嘉陵江主城段水体中三种酶活性的变化规律及机理产生有更全面的认识。

3.4.1 碳酸酐酶活性影响因素分析

如表 3.1 所示为通过 Spearman 双变量相关性分析得出的嘉陵江主城段水体碳酸酐酶活性与常规水文水质指标、金属离子、不同形态碳素间的相关系数，如表所示，CAA 与大多数参数之间具有显著相关。本节主要从影响酶活性的六大因素入手，对不同指标与酶活性间的关系进行分析。表 3.1 中涉及这六大因素的参数主要有 *T*、pH、CO_2、DIC、Chla、Zn 等。

表 3.1 碳酸酐酶活性与相关指标间相关系数

相关性	*T*	*V*	pH	DO	Chla	SD	COD_{Mn}	Zn	CO_2
CAA	0.397*	0.618**	0.931**	− 0.173	0.797**	− 0.485**	0.411*	0.507	− 0.927**
相关性	TC	TIC	TOC	TDC	DIC	DOC	TPC	PIC	POC
CAA	− 0.559**	− 0.593**	0.758**	− 0.621**	− 0.621**	0.642**	0.676**	0.652**	0.748**

**. 在置信度（双测）为 0.01 时，相关性是显著的。

*. 在置信度（双测）为 0.05 时，相关性是显著的。

在以上众多酶活相关指标中，水温对碳酸酐酶活性的变化具有重要影响，有相关研究表明，在 30 °C 以下的水环境温度下，大多数酶的活性均随温度上升而提高[164, 165]，而 30 °C 以上酶活性与温度的正相关性并不明显，这是由于过高的温度可能会导致酶出现一定程度的变性。如图 3.4（a）所示展示了嘉陵江主城段水体中温度与 CAA 的年变化规律及其曲线对比情况，在一定温度范围内 CAA 随着 *T* 的上升而增加，与其他环境下酶活性与温度的关系一致。由图可知，从 2013 年 9 月至 10 月及 2014 年 11 月上旬至 4 月上旬 CAA 与 T 的变化趋势相似，然而从 5 月至 8 月之间，两者并无显著相关。对二者全年分布进行的相关性分析显示 T 与 CAA 间存在低度正相关，表明 CAA 除了温度外还受其他因素的影响。二次回归拟合结果显示，CAA 与 T 间存在如下经验公式：$\text{CAA} = -0.00169\,T^2 + 0.00822\,T - 0.207$（$R^2 = 0.091$，$n = 28$）[见图 3.4（b）]。

pH 是 CAA 的重要影响因素之一。如图 3.4（a）所示，pH 与 CAA 间高度正相关。从图中可知，pH 曲线与 CAA 曲线高度相似，表明在 7.61 ~ 8.29 的 pH 范围内，CAA 随着 pH 的上升而上升。Erin 的研究表明，海洋碳酸酐酶的最适 pH 范围与嘉陵江水体中碳酸酐酶的最适 pH 范围具有明显差别，这表明 CAA 虽然受到 pH 的影响，但其他因素对 CAA 的影响仍不可忽略[166]。线性拟合结果显示 pH 与 CAA 间存在如下经验公式：$\text{CAA} = 1.528\,\text{pH} - 11.493$（$R^2 = 0.796$，$n = 28$）[见图 3.4（b）]。

在碳酸酐酶催化的碳酸平衡中，CO_2 和 DIC 即是反应底物，同时也是反应产物。它们分别与 CAA 呈高度负相关及中度负相关关系，因此水体中二者的浓度均能对水体 CAA 产生影响。由图可知，$C(CO_2)$与 CAA、DIC 与 CAA 之间均存在相反的曲线走势。这种现象符合“抑制-诱导”作用的特征，即当水体中缺乏藻类生长所需的足够碳素时，藻类将分泌大量碳酸酐酶，使得周围环境中碳酸酐酶活性上升，进而转化和利用更多的碳素以满足藻类的生长。“抑制-诱导”作用在碱性磷酸酶[94, 95]和硝酸还原酶[99]的活性研究中同样被广泛提及。通过对 $C(CO_2)$与 CAA 之间的线性拟合，发现二者间存在如下关系式：$\text{CAA} = -0.1C(CO_2) + 1.373$（$R^2 = 0.788$，$n = 28$）；同时，DIC 与 CAA 间的二次拟合显示，二者间有如下关系式：$\text{CAA} = -0.003\,\text{DIC}^2 + 0.113\,\text{DIC} - 0.162$（$R^2 = 0.498$，$n = 28$）[见图 3.4（b）]。

酶的浓度是决定酶活性的重要因素之一，由于水体中大量的酶是由浮游植物分泌[167, 168]，因此酶的浓度应与水体生物量成正比。如表 3.1 所示，CAA 与水体 Chla 浓度呈高度正相关，间接说明：随着酶浓度的提高，水体酶活性将会增加。如图 3.4（a）所示，CAA 曲线与 Chla 浓度曲线趋势较为相似，然而 CAA 的波峰要略晚于 Chla 浓度的波峰，这主要是由于在藻华后期，藻细胞在对碳素的需求下大量分泌碳酸酐酶，同时部分藻细胞的凋亡使得碳酸酐酶释放到周围环境中。因此，在这个期间水体生物量开始出现下降趋势，然而碳酸酐酶浓度仍保持在较高水平，甚至有一定的增加。通过二次拟合发现 CAA 与 Chla 浓度之间存在以下关系式：$\text{CAA} = -0.011C(\text{Chla}^2) + 0.22C(\text{Chla}) + 0.031$（$R^2 = 0.639$，$n = 28$）[见图 3.4（b）]。

Zn^{2+}是碳酸酐酶的辅基，因此水体 Zn^{2+}的浓度与 CAA 有密切关系。嘉陵江主城段水体中 Zn^{2+}浓度与 CAA 呈中度正相关，表明在嘉陵江水体 Zn^{2+}浓度范围内，Zn^{2+}浓度增加会促进 CAA 的上升。如图 3.4（a）所示，在 2013 年 11 月至 2014 年 7 月间二者曲线较为相似，而在之后的走势中呈现相反趋势。线性拟合表明，CAA 与 $C(Zn^{2+})$间存在以下关系式：$CAA = 11.93C(Zn^{2+}) + 0.18$（$R^2 = 0.360$，$n = 15$）[见图 3.4（b）]。

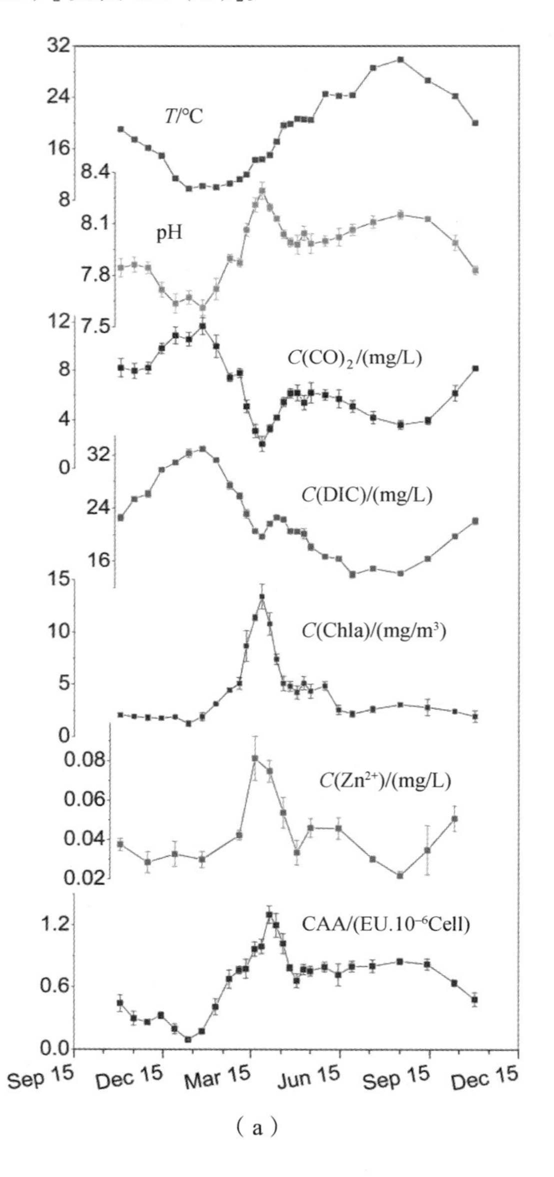

（a）

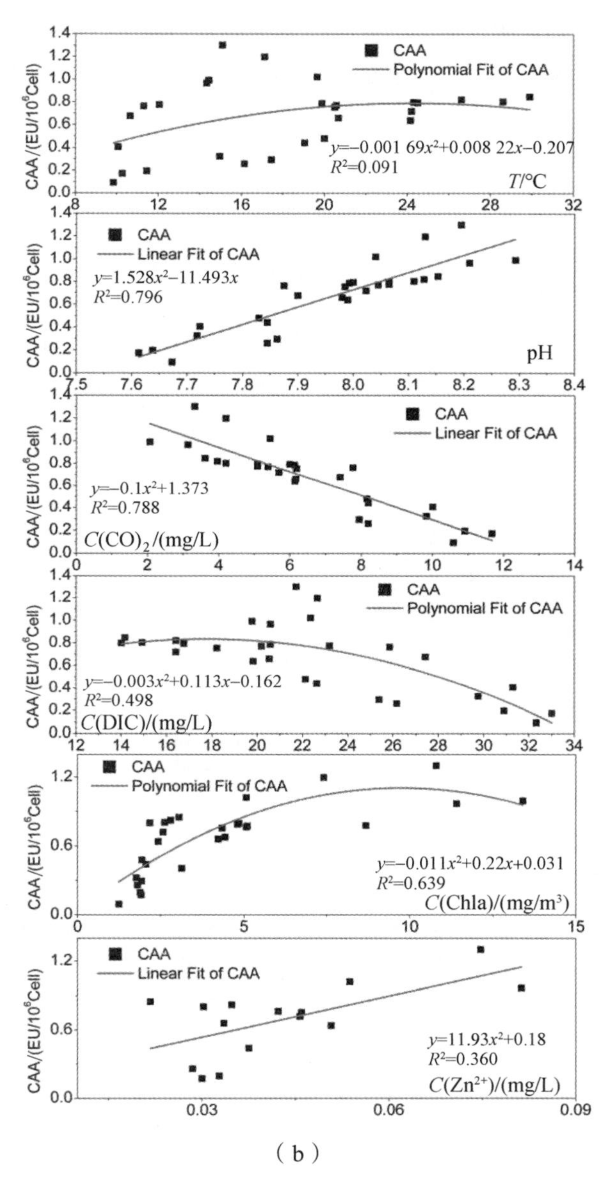

（b）

图 3.4 嘉陵江主城段碳酸酐酶活性与相关指标间曲线对比（a）及回归拟合（b）

在以上对 CAA 与相关参数的讨论中，得到了 CAA 与各因子之间的经验公式，然而 CAA 在水体中受到众多因素的影响，通过单一的参数无法对其进行准确的估算和监测。因此，为了提高对水体中 CAA 的监测精确度，并通过公式更好地阐述水体 CAA 的变化机理，本书通过多元线性回归对 CAA

及其相关参数进行拟合。将 T、pH、CO_2、DIC、Chla、Zn^{2+}引入回归方程，发现 T、DIC 的系数较低且 sig.值较低，因此将其排除，最终得出如下关系式：$CAA = 0.027C(Chla) + 0.052pH - 0.079C(CO_2) + 1.774C(Zn^{2+}) + 0.592$（$R^2 = 0.803$，$n = 15$）。通过这个方程，可借助常规指标对水体碳酸酐酶活性进行较精确的估算。

3.4.2 硝酸还原酶活性影响因素分析

如表 3.2 所示为嘉陵江主城段水体硝酸还原酶活性与常规水文水质指标、金属离子、不同形态氮素间的相关系数。本部分将从影响酶活性的六大因素入手，对不同指标与酶活性间的关系进行分析。表 3.2 中涉及这六大因素的参数主要有 T、pH、NO_3^--N、NO_2^--N、Chla、Fe 等。

表 3.2 硝酸还原酶活性与相关指标间相关系数

相关性	T	V	pH	DO	Chla	SD	COD_{Mn}
NRA	0.135	0.186	0.641**	−0.061	0.616**	−0.019	0.033

相关性	Fe	TN	NO_3^--N	NO_2^--N	NH_4^+-N
NRA	0.082	0.174	0.259	−0.059	0.342

**. 在置信度（双测）为 0.01 时，相关性是显著的。
*. 在置信度（双测）为 0.05 时，相关性是显著的。

水温是影响酶活性的六大因素之一，根据郑穗平[12]在《酶学》中的阐述，在常规水温范围内酶活性应与水温成正比，而在有关温度对酶活性影响的研究中，实验室单因素实验符合理论预期，而对实际原位样品的调查与实验室模拟实验有较大差异[164, 165]。如表 3.2 所示，T 与 NRA 并无相关性，这显然与其他因素对 NRA 的影响有关，例如在汛期期间流量较大，破坏了藻华的发生且稀释了水体中的硝酸还原酶，使得 NRA 出现显著下降，而在此期间温度受气温的影响从蓄水期至汛期逐渐上升，而 NRA 在汛期相对消落期显著下降。

pH 是 NRA 的重要影响因素之一。如表 3.2 所示，pH 与 NRA 呈中度正相关。从图 3.5（a）中可知，pH 曲线与 NRA 曲线具有一定相似性，表明在 7.61 ~ 8.29 的弱碱性范围内，NRA 随着 pH 的上升而增加。二次拟合结果显示 pH 与 NRA 间存在如下经验公式：$NRA = 0.40\,pH^2 - 6.16pH + 23.73$（$R^2 = 0.489$，$n = 28$）[见图 3.5（b）]。

NO_3^--N 是硝酸还原酶的催化底物，由于底物的浓度越高 NRA 越高，因此 NO_3^--N 浓度应与底物浓度成正比。表 3.2 中显示：嘉陵江主城段 NO_3^--N 浓度与 NRA 呈低度相关，然而相关性不显著。从图 3.5（a）中可以看到，NO_3^--N 浓度在全年的变化趋势与 NRA 存在一定差异，在 2013 年 11 月至 2014 年 5 月两者变化趋势相似，而在其他时期无显著相关。对二者的二次拟合显示 NO_3^--N 浓度与 NRA 之间存在如下关系式：$NRA = 0.63[C(NO_3^-\text{-}N)]^2 - 1.28C(NO_3^-\text{-}N) + 0.76$（$R^2 = 0.167$，$n = 28$）［见图 3.5（b）］。

NO_2^--N 是硝酸还原酶的催化产物，理论上产物浓度越高，将会降低酶的活性，从而抑制反应的进行。如表 3.2 所示，NO_2^--N 浓度与 NRA 未表现出显著相关性。这是由于水体中 NO_2^--N 浓度较低，其对 NRA 活性的影响有限，水体 NRA 主要受其他因素的影响。

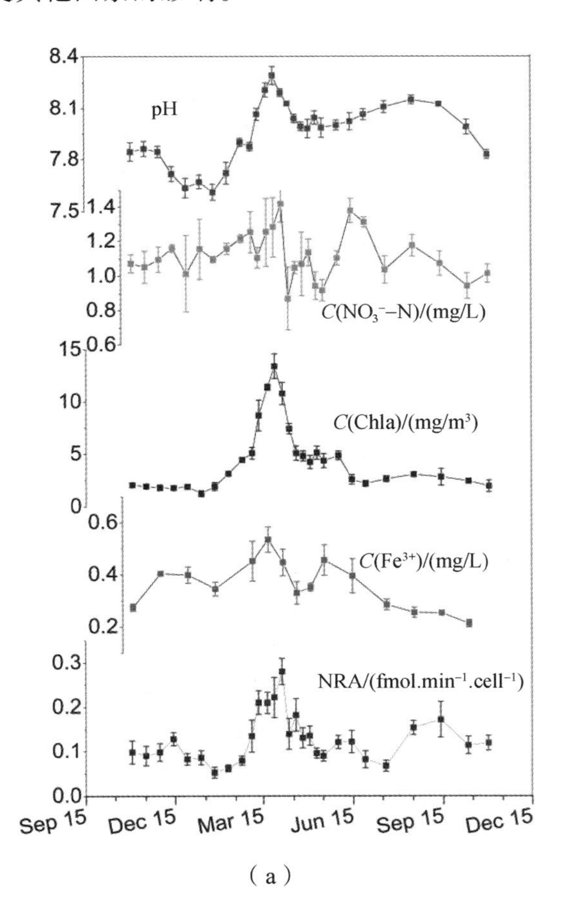

（a）

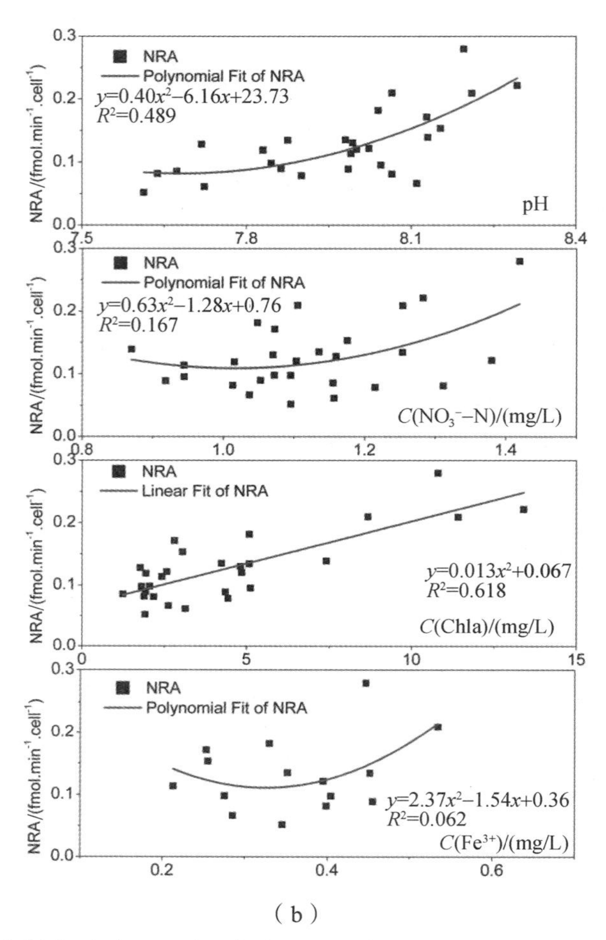

（b）

图 3.5 嘉陵江主城段硝酸还原酶活性与相关指标间曲线对比（a）及回归拟合（b）

酶的浓度是影响酶活性的六大因素之一，由于水体中大量的酶是由浮游植物分泌[167, 168]，因此酶的浓度又与水体生物量成正比。如表 3.2 所示，NRA 与水体 Chla 浓度呈中度正相关，这表明随着水体中硝酸还原酶浓度的提高，水体 NRA 将会上升。如图 3.5（a）所示，NRA 曲线与 Chla 浓度曲线在全年走势较为相似。然而，与 CAA 的曲线特征相似，NRA 出现的波峰要略晚于 Chla 的波峰。结合藻华后期水体氮素相对减少且大量出现的藻细胞凋亡的现象[169]，推测出现该现象的主要原因是后期藻细胞受低氮诱导，硝酸还原酶的分泌量上升，而细胞却在这个时期内开始逐渐凋亡，使得生物量下降的同时酶活性略有上升。线性拟合结果显示，NRA 与 Chla 浓度之间存在如下关系式：$NRA = 0.013C(Chla) + 0.067$（$R^2 = 0.618$，$n = 28$）[见图 3.5（b）]。

Fe^{3+}是硝酸还原酶的辅基，因此水体 Fe^{3+}的浓度与 NRA 有密切关系。如表 3.2 所示，嘉陵江主城段水体中 Fe^{3+}浓度与 NRA 并无显著相关性，然而二者的全年变化趋势具有一定相似性，消落期取值均高于其他时期。通过二次拟合，发现 NRA 与 Fe^{3+}间存在如下关系式：$CAA = 2.37[C(Fe^{3+})]^2 - 1.54C[(Fe^{3+}) + 0.36$（$R^2 = 0.062$，$n = 15$）[见图 3.5（b）]。

在以上对 NRA 及其相关参数的讨论中，得到了 NRA 与各因子之间的经验公式，然而 NRA 与 CAA 类似，在水体中受到众多因素的影响，仅通过单一的参数无法对其进行准确的估算和监测。因此，为了提高对水体中 NRA 的监测精确度，通过公式更好地阐述水体 NRA 的变化机理，本书通过多元线性回归对 NRA 及其相关参数进行拟合。将 pH、$C(NO_3^-\text{-N})$、$C(Chla)$、$C(Fe^{3+})$ 引入回归方程，得出如下关系式：$NRA = 0.017C(Chla) + 0.037pH - 0.246C(Fe^{3+}) + 0.111C(NO_3^-\text{-N}) - 0.267$（$R^2 = 0.770$，$n = 15$）。通过这个方程可借助常规指标对水体硝酸还原酶活性进行较精确地估算。

3.4.3 碱性磷酸酶活性影响因素分析

如表 3.3 所示为嘉陵江主城段水体碱性磷酸酶活性与常规水文水质指标、金属离子、不同形态磷素间的相关系数。本部分同样从影响酶活性的六大因素入手，对不同指标与酶活性间的关系进行分析。下表中涉及这六大因素的参数主要有 T、pH、EHP、SRP、Chla、Zn、Mg 等。

表 3.3 碱性磷酸酶活性与相关指标间相关系数

相关性	T	V	pH	DO	Chla	SD	COD_{Mn}
APA	0.017	−0.022	0.528**	0.007	0.510**	−0.043	−0.100

相关性	Mg	Zn	TP	TDP	PP	SRP	DOP	EHP
APA	0.100	0.707**	0.050	−0.491**	0.200	−0.401*	0.318	0.315

**. 在置信度（双测）为 0.01 时，相关性是显著的。

*. 在置信度（双测）为 0.05 时，相关性是显著的。

作为影响酶活性的重要因素，T 应与 APA 在一定范围内具有一定相关性[167, 168]，然而表 3.3 显示二者无显著相关性。从蓄水期至汛期水体温度一直呈现上升趋势，而 APA 呈现消落期数值远高于其他时期的特点。通过两曲线的对比可推测 APA 的大小除 T 外，还应受其他因素影响，其变化特征与 NRA 类似。

pH 是 APA 的重要影响因素之一。如表 3.3 所示，pH 与 APA 呈中度正相关。从图 3.6（a）中可知，pH 曲线与 APA 曲线具有一定相似性，二者在消落期取值均远高于其他时期。两者的正相关性表明在 7.61 ~ 8.29 的 pH 范围内，APA 随着 pH 的上升而增加。二次拟合结果显示 pH 与 APA 间存在如下经验公式：$APA = 30.44\ pH^2 - 476.84pH + 1\ 867.68$（$R^2 = 0.631$，$n = 28$）[见图 3.6（b）]。

EHP 主要是有机磷，同时也是碱性磷酸酶的催化底物，对碱性磷酸酶活性具有底物诱导作用，因此理论上 APA 随 EHP 的增加会出现上升趋势。表 3.3 中显示嘉陵江主城段 EHP 浓度与 APA 呈低度正相关，然而相关性不显著。从图 3.6（a）中可以看到，EHP 与 APA 曲线虽具有一定相似性，然而其在消落期的波峰远小于 APA。对 APA 与 EHP 间的二次拟合显示二者间存在如下关系式：$APA = 4.4 \times 10^4 x^2 - 1.14 \times 10^3 x + 8.16$（$R^2 = 0.601$，$n = 28$）[见图 3.6（b）]。

SRP 是碱性磷酸酶的催化产物，过多的产物将会对酶活性产生抑制作用。如表 3.3 所示，显示 SRP 与 APA 呈中度负相关，表明水体 SRP 浓度越低，碱性磷酸酶活性越高。从图 3.6（a）可以看到 SRP 与 APA 曲线呈现相反的趋势，二次拟合显示二者存在如下关系式：$APA = 3\ 958.09SRP^2 - 406.53SRP + 11.07$（$R^2 = 0.664$，$n = 28$）[见图 3.6（b）]。

基于酶的分泌与水体藻类生物量的正相关关系，作为酶活性的重要影响因素，酶的浓度在水体中主要通过 Chla 的含量间接表示。如表 3.3 所示，APA 与水体 Chla 浓度呈中度正相关，这表明随着水体中碱性磷酸酶浓度的提高，水体 APA 将会上升。如图 3.6（a）所示，APA 曲线与 Chla 浓度曲线较为相似，二者均在消落期出现较高的波峰。线性拟合结果显示，APA 与 Chla 浓度之间存在如下关系式：$APA = 0.08[C(\mathrm{Chla})]^2 - 0.56C(\mathrm{Chla}) + 1.83$（$R^2 = 0.92$，$n = 28$）[见图 3.6（b）]。

Mg^{2+}与 Zn^{2+}均为碱性磷酸酶的辅基，因此水体中 Mg^{2+}与 Zn^{2+}的浓度与 APA 有密切关系。然而实际上二者浓度与 APA 具有不同关系。如表 3.3 所示，嘉陵江主城段水体中 Zn^{2+}浓度与 APA 呈高度正相关，而 Mg^{2+}浓度与 APA 无显著相关性，这可能是由于水体 Mg^{2+}含量远超浮游植物生长所需，致使 Mg^{2+}浓度的变化规律与 APA 的变化规律无相似之处。通过图 3.6（a）可以看到，Zn^{2+}含量在全年的趋势与 APA 基本相似，通过二次拟合，发现 APA 与 Zn^{2+}浓度间存在如下关系式：$CAA = 94.29C(Zn^{2+}) - 2.29$（$R^2 = 0.839$，$n = 15$）[见图 3.6（b）]。

在以上对 APA 与相关参数的讨论中，得到了 APA 与各因子之间的经验公式。同样，由于 APA 在水体中同样受到众多因素的影响，通过单一的参数无法对其进行准确的估算和监测。因此，为了提高对水体中 APA 的监测精确度，并通过公式更好地阐述水体 APA 的变化机理，本书通过多元线性回归对 APA 及其相关参数进行拟合。将 pH、EHP、SRP、$C(\text{Chla})$、$C(\text{Zn}^{2+})$引入回归方程，得出如下关系式：$\text{APA} = 60.8C(\text{Zn}^{2+}) - 8.34\text{EHP} + 0.21C(\text{Chla}) - 1.3\text{SRP} + 0.19\text{pH} - 3.02$（$R^2 = 0.821$，$n = 15$）。通过此方程再借助常规指标对水体碱性磷酸酶活性进行较精确的估算。

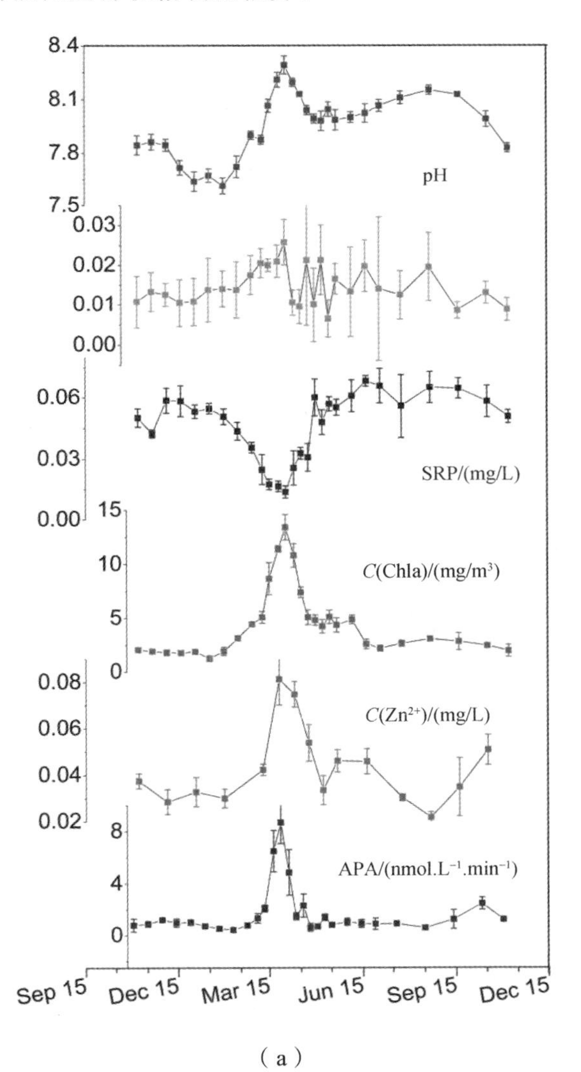

（a）

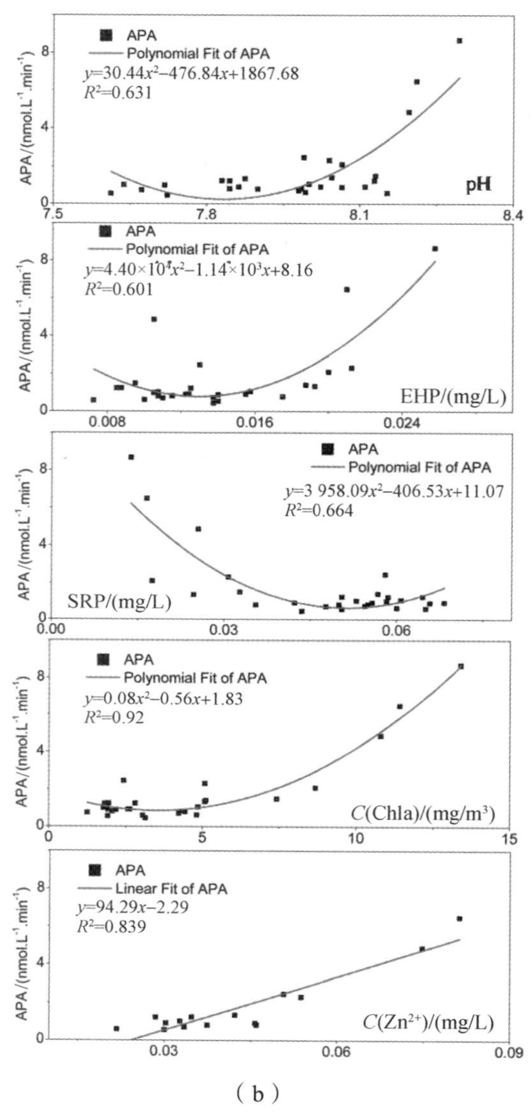

（b）

图 3.6　嘉陵江主城段碱性磷酸酶活性与相关指标间曲线对比（a）及回归拟合（b）

3.5　本章小结

本章以嘉陵江主城段磁器口、化龙桥、大溪沟、朝天门四个采样点水体作为研究对象，以长江两江交汇口水体作为对照样本，对嘉陵江及长江主城段消落带水体中碳酸酐酶活性、硝酸还原酶活性及碱性磷酸酶活性的变化规律及分布特性进行研究，并进一步分析了相关环境指标对不同酶活性的影响，主要结论如下：

（1）嘉陵江主城段水体碳酸酐酶活性全年变化范围为 0.094～1.301 EU/10^6 cells，年平均值为（0.670±0.308）EU/10^6 cells，显著高于长江水体碳酸酐酶活性。不同时期的 CAA 均值表现为：消落期 CAA 高于汛期 CAA，汛期 CAA 高于蓄水期 CAA，全年峰值出现在消落期期间。水体 CAA 与 T 低度正相关，与 $C(Zn^{2+})$中度正相关，与 pH、C(Chla)高度正相关，与 DIC 中度负相关，与 $C(CO_2)$高度负相关，CAA 与其相关参数间有关系式：$CAA = 0.027C(Chla) + 0.052pH - 0.079C(CO_2) + 1.774C(Zn^{2+}) + 0.592$（$R^2 = 0.803$，$n = 15$）。

（2）嘉陵江主城段水体硝酸还原酶活性全年变化范围为 0.052～0.280 $fmol \cdot min^{-1} \cdot cell^{-1}$，年平均值为（0.127±0.058）$fmol \cdot min^{-1} \cdot cell^{-1}$，显著高于长江水体硝酸还原酶活性。不同时期的 NRA 均值表现为：消落期 NRA 高于汛期 NRA，汛期 NRA 高于蓄水期 NRA，全年峰值出现在消落期期间。水体 NRA 与 pH、C(Chla)呈中度正相关，与 $C(NO_3^-\text{-}N)$呈低度正相关，NRA 与以上相关参数间有关系式：$NRA = 0.017C(Chla) + 0.037pH - 0.246C(Fe^{3+}) + 0.111C(NO_3^-\text{-}N) - 0.267$（$R^2 = 0.770$，$n = 15$）。

（3）嘉陵江主城段水体碱性磷酸酶活性全年变化范围为 0.442～8.679 $nmol \cdot min^{-1} \cdot L^{-1}$，年平均值为（1.701±1.967）$nmol \cdot min^{-1} \cdot L^{-1}$，显著高于长江水体的碱性磷酸酶活性。不同时期 APA 均值表现为：消落期 APA 大于蓄水期 APA，蓄水期 APA 大于汛期 APA，全年峰值出现在消落期期间。水体 APA 与 pH、C(Chla)呈中度正相关，与 EHP 呈低度正相关，与 SRP 呈中度负相关，与 $C(Zn^{2+})$呈高度正相关，APA 与以上相关参数间有关系式：$APA = 60.8C(Zn^{2+}) - 8.34EHP + 0.21C(Chla) - 1.3SRP + 0.19pH - 3.02$（$R^2 = 0.821$，$n = 15$）。

上述结论表明库区水体酶活性在分布上具有时空异质性，这主要是由于不同水体及水体的不同时期内营养状态、浮游植物种类、生物量等因素产生的影响。各酶活性均受到多因素的共同影响，除浮游植物生物量、水体 pH 等因素外，各酶活性均受到其各自催化底物浓度的影响，酶活性与底物浓度之间的动态响应符合“抑制-诱导”机制。总而言之，通过水体各酶底物浓度结合生物量、水体 pH、特定金属离子浓度等因素，可以有效反映和预测水中酶活性的变化。

第 4 章　嘉陵江主城段藻华影响因素分析

4.1　引　言

本书在前面章节部分已对水体各指标的变化规律，及各指标对水体碳酸酐酶、硝酸还原酶、碱性磷酸酶活性的影响进行了研究，筛选出了不同酶活性所对应的影响因素，并得出了酶活性与其相关影响因素间的关系式，进而探明了嘉陵江主城段消落带水体中各个主要酶活性的变化机理。由于藻类利用营养盐能力的大小与酶活性的高低密切相关，而藻类利用营养盐的能力又决定了其生长的快慢，因此，酶活性是藻类能否快速生长的重要影响因素，其与藻类生长间的联系以及在藻华中所处的地位值得关注。

本章将碳酸酐酶、硝酸还原酶及碱性磷酸酶的活性与藻密度联系起来，研究不同程度的酶活性对藻类生物量的影响。同时，也将对不同环境指标及营养盐指标与藻密度间的关系展开探讨，以期获得各因素对藻密度的影响规律，且有望建立以酶活性及其他藻密度相关影响指标为基础的藻密度综合影响方程及短期藻华预测模型。

4.2　生物量测定及统计分析

4.2.1　藻密度测定

将碘化钾 20 g 溶于 200 mL 10%乙醇水溶液中，混匀后加入 10 g 碘，制得鲁哥试剂并存于棕色瓶中避光备用。取 1 L 水样加入 10 mL 鲁哥试剂固定，并浓缩至 50 mL 内，在光学显微镜下利用血球计数板进行观察鉴定和计数，通过计算求得原水水样中藻密度大小。

4.2.2　统计分析

藻密度数据通过 SPSS version 20.0 分析，并以“均值 ± 标准差”形式表示。经“Shapiro-Wilk 检验”判断藻密度是否符合正态分布；由于藻密度符合正态分布，因此在不同采样点数据之间的显著性差异检验中，对其采取“one-way ANOVA”检验，并将 $P<0.05$ 作为显著性（Sig.）水平。为了解释不同参数与藻密度间的联系，本书通过“Spearman 相关性检验”，在 $P<0.05$ 的水平下得到藻密度与相关参数之间的相关性矩阵。同时利用回归分析对藻密度与相关参数之间的关系进行曲线拟合，得到相应藻密度综合影响模型。此外，本章节研究中采用嘉陵江四个采样点的藻密度平均值作为嘉陵江主城段藻密度，并以此与长江藻密度做对照。

4.3 嘉陵江主城段藻密度变化规律

嘉陵江主城段及长江两江交汇口段藻密度变化如图 4.1（a）所示，全年藻密度变化范围分别为 $1.56 \sim 84.81 \times 10^4$ cells/L 和 $0.50 \sim 15.63 \times 10^4$ cells/L，平均值分别为（$20.33 \pm 22.70 \times 10^4$）cells/L 和（$4.64 \pm 4.57 \times 10^4$）cells/L。对嘉陵江和长江藻密度进行 ANOVA 检验（$n = 28$，$P<0.05$），发现嘉陵江水体藻密度显著高于长江藻密度，如图 4.1（b）所示。从全年不同时期来看，蓄水期期间，由于环境温度较低，藻类密度始终在较低水平，1 月 10 日出现全年最低值 1.56×10^4 cells/L，蓄水期平均值为（$4.48 \pm 4.23 \times 10^4$）cells/L；消落期水体流速、温度等水环境条件较为适宜藻类生长，藻类出现爆发性增长，3 月 26 日出现全年最高值（84.81×10^4）cells/L，消落期藻密度平均值为（$38.94 \pm 23.75 \times 10^4$）cells/L。曾婷[170]在对嘉陵江浮游藻类分布的研究中指出，流速过快是藻华消失的原因之一；从图中可以看到，3 月 26 日后水体流速逐步上升，同时藻密度迅速下降，这是由于水体流速过快破坏了藻类生长的基本环境条件，并对藻类造成物理性的损伤，因此汛期藻密度较消落期大为下降，平均值为（$9.50 \pm 4.24 \times 10^4$）cells/L，期间在汛期末期藻密度有所回升，应为流速下降所致；从全年藻密度变化规律来看，其趋势与近两年藻密度变化趋势基本一致，均为消落期藻密度显著高于其他时期，然而整体藻密度与之前相比略有下降[171]。从不同采样点藻密度的对比情况来看，蓄水期长江及嘉陵江藻密度均较低，无显著性差异，消落期及汛期期间嘉陵江藻密度显著高于长江。从嘉陵江不同点位情况来看，朝天门及磁器口处藻密度较高，这是由于水体水文因素、营养水平及酶活性等的共同影响。例如，朝天门处河面宽阔、磁器口处库湾较多，因而其点位处消落带水体流速相对较慢；另一方面磁器口及朝天门均为旅游区，餐饮业等较为发达，对水体造成了直接的污染，使得水体营养水平较高，因而形成了富营养化敏感水体。

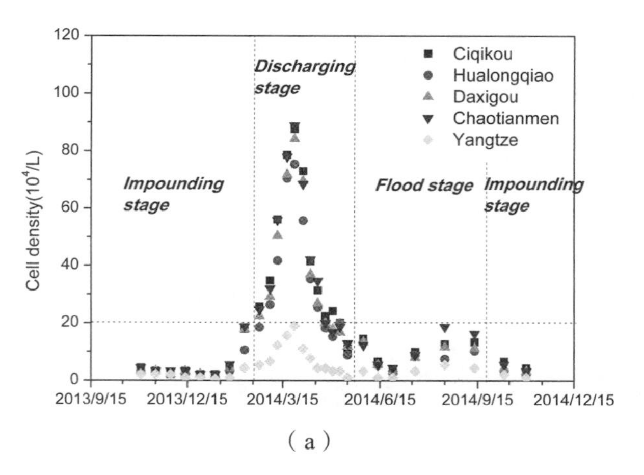

（a）

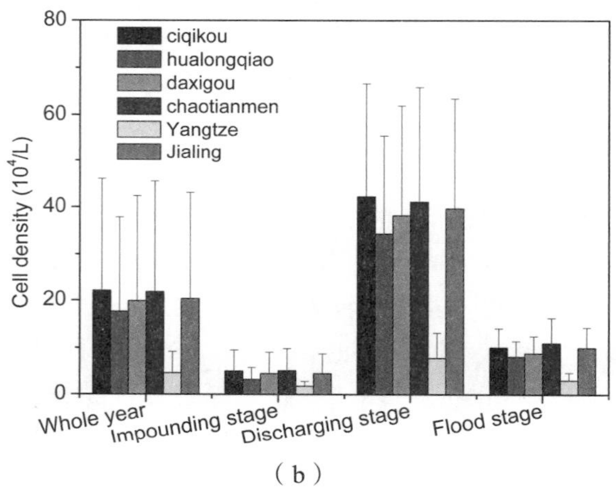

（b）

图 4.1　不同采样点藻密度变化情况（a）及不同时期的对比（b）

针对嘉陵江藻华的爆发性增长情况，需要对其藻华爆发的阈值进行明确，以便进一步对嘉陵江藻华现象进行研究和分析。当前，国内外针对藻华爆发中藻密度的界定并未有统一的标准，藻华爆发中藻密度从 1×10^5 cells/L 到 1×10^9 cells/L 不等。不同水体藻华爆发藻密度有较大差异，例如有研究人员定义汉江下游藻华爆发阈值为 0.5×10^6 cells/L[172]；同时，广东的珍珠河藻华爆发最低阈值为 3.8×10^7 cells/L[173]。另一方面，藻华爆发的最低阈值与水体对周围环境的重要性及其用途也存在一定关系。例如，在澳大利亚其对饮用水源水体藻华阈值的定义为 2×10^6 cells/L，而对再生且用于加工及娱乐用途的水体，其藻华最低阈值设定为 1.5×10^7 cells/L[30]。众所周知，嘉陵江是重庆市境内的重要河流，主城区的部分饮用水取自嘉陵江主城段，结合汉江水体藻华阈值的设定原则，且同时参考“地表水环境质量标准（GB 3838—2002）”[174]，本书设定嘉陵江主城段藻华爆发的最低阈值为 0.2×10^{6} cell/L（见图 4.1）。

4.4 藻类生长因素研究

水体中藻类的生长受众多因素的影响，一般认为天然水体中氮素、磷素等营养元素的富集是藻类等微生物出现爆发性增长的重要因素，而碳素含量的上升是藻生物量增加的判断依据和必备条件[175, 176]，在合适的环境条件下，藻类会吸收大量碳、氮、磷等元素并通过光合作用合成自身有机质，其主要原理如下[177]：

$$106CO_2+16NO_3^-+HPO_4^{2-}+122H_2O+18H^+\xrightarrow{\text{ATP/enzyme}}C_{106}H_{263}O_{110}N_{16}P+138O_2 \tag{4.1}$$

实际上除营养元素外，包括水文条件及水体酶活等均可对水体藻类的生长产生重要影响。本节主要研究嘉陵江主城段藻密度与水体主要环境指标、不同形态碳氮磷元素、主要酶活性之间的相关性，从而筛选出嘉陵江藻华形成的主要影响指标，并以此建立嘉陵江藻华估算公式。

4.4.1 主要水环境指标对藻类生长的影响

如表 4.1 所示为嘉陵江主城段藻密度与各环境指标间的相关系数，其中 V、pH、Chla、Zn^{2+}与藻密度具有显著相关性。

表 4.1 藻密度与主要环境指标间相关系数

相关性	T	V	pH	DO	Chla	SD	COD_{Mn}	Fe^{3+}	Zn^{2+}	Mg^{2+}
cells	−0.080	0.402*	0.693**	0.304	0.963**	−0.223	0.170	0.298	0.538*	0.139

**. 在置信度（双测）为 0.01 时，相关性是显著的。
*. 在置信度（双测）为 0.05 时，相关性是显著的。

流速是影响藻类生长的重要因素，研究表明流速过快不利于形成藻类生长所需的稳定环境，同时会对藻细胞造成一定物理性损伤[178]。然而表 4.1 显示 V 与藻密度间具有中度正相关关系，如图 4.2 所示，进一步的研究表明 V 与藻密度在汛期期间呈负相关关系，而在其他时期二者具有正相关关系。此特点与嘉陵江中藻类以硅藻居多，而硅藻适宜在具有一定流速的水体中生长有关。通过曲线估计确定 V 与藻密度间适合用高斯拟合，结果显示二者具有如下关系：Cells = 5.72 + 59.03exp[− (V − 0.073) ^{2}/0.000 60] ($R^2 = 0.697$，$n = 28$)。定量分析显示当 V 小于 0.073 m/s 时，二者具有正相关关系，流速大于此值将会对藻类生长产生抑制作用。这也表明一定程度的水体扰动将有助于藻类的生长，这是因为水体中营养盐的扩散有赖于水体的流动[179]，因此可以推断，适当水体扰动可以促进营养盐的扩散，从而帮助藻类更好地吸收和利用营养盐。

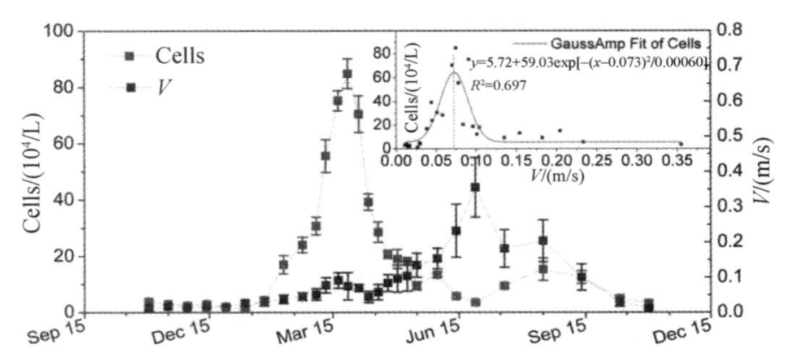

图 4.2　嘉陵江主城段藻密度与流速曲线对比及回归拟合

表 4.1 显示 pH 与藻密度具有中度正相关关系。同时，从图 4.3 可以看到，二者曲线在全年具有相似的变化趋势。显然，藻类的生长及增殖的过程中伴随着水体 pH 的上升，这主要是因为藻类在通过光合作用利用无机碳时，其释放的副产物会提高水体 pH，这个过程可表达为如下化学方程式[180]：

$$6HCO_3^- + 6H_2O \rightarrow C_6H_{12}O_6 + 6O_2 + 6OH^- \qquad (4.2)$$

如式（4.2）所示，产物中有大量的氢氧根离子。对 pH 与藻密度进行二次拟合，结果显示二者具有如下关系：Cells = 289.218pH^2 − 4 503.3pH + 17 532 ($R^2 = 0.584$，$n = 28$)。

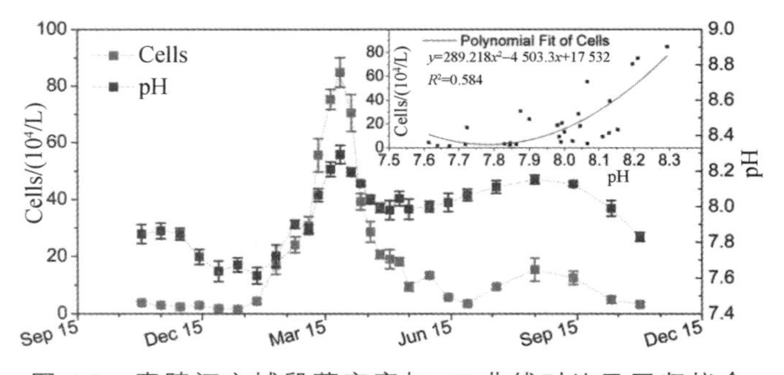

图 4.3　嘉陵江主城段藻密度与 pH 曲线对比及回归拟合

表 4.1 显示水体 Chla 含量与藻密度呈高度正相关关系。同时，从图 4.4 可以看到，Chla 含量与藻密度曲线高度相似。Chla 含量、藻密度等均常常用来表示藻类生物量的大小，因此二者在评估水体富营养化情况时常常可以相互代替[181]。对 Chla 含量与藻密度进行线性拟合，结果显示二者间具有如下关系：Cells = 7.27C(Chla) − 11.18（R^2 = 0.966，n = 28）。

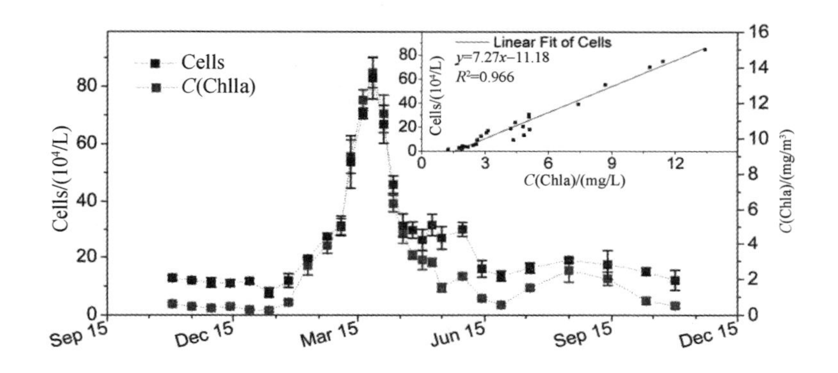

图 4.4　嘉陵江主城段藻密度与 Chla 曲线对比及回归拟合

表 4.1 显示 Zn^{2+}含量与藻密度呈中度正相关关系。如图 4.5 所示，二者在 13 年 11 月至 14 年 5 月间曲线较为相似，而在其他时期相似性较低。Zn^{2+}是藻类生长所必需的微量元素，缺乏 Zn^{2+}将会抑制藻类的生长。如图 4.5 所示，Zn^{2+}在自然水体的浓度范围内能够有效促进藻类的生长。对二者间进行线性拟合，结果显示 Zn^{2+}浓度与藻密度之间有以下关系式：Cells = 1 176.9C(Zn^{2+}) − 30.89（R^2 = 0.692，n = 15）。

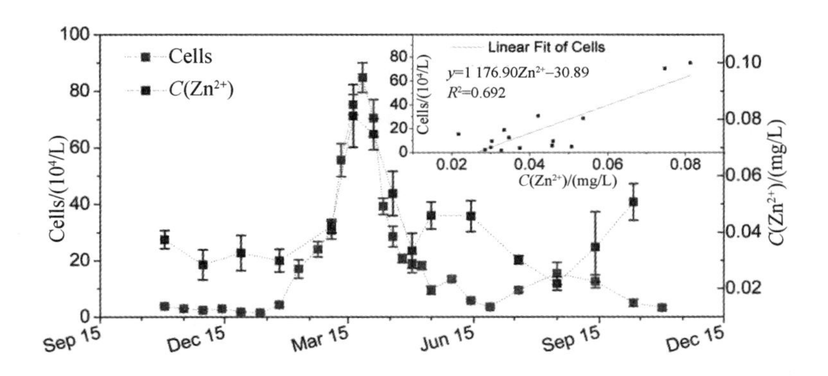

图 4.5　嘉陵江主城段藻密度与 Zn^{2+}曲线对比及回归拟合

4.4.2 碳素对藻类生长的影响

如表 4.2 所示为各不同形态碳素与藻密度间的相关系数，由表可知，仅 POC、CO_2 与藻密度具有显著相关性，其他因素与藻密度相关性较低或不显著，需要进一步讨论。

表 4.2 藻密度与不同形态碳素间相关系数

相关性	TC	TIC	TOC	TDC	DIC	DOC	TPC	PIC	POC	CO_2
cells	− 0.118	− 0.162	0.348	− 0.205	− 0.205	0.290	0.355	0.355	0.390*	− 0.688**

**. 在置信度（双测）为 0.01 时，相关性是显著的。
*. 在置信度（双测）为 0.05 时，相关性是显著的。

DIC 是水体主要的碳素形态之一，也是藻类生长所能直接利用的碳形态，大量的 HCO_3^- 和 CO_3^{2-} 被藻类吸收利用进而合成自身有机质，因此藻密度与 DIC 间应具有一定关联性。有研究表明，纯藻实验室培养中 DIC 能提高光合作用速率，而光合作用速率的提高又会使得更多的 DIC 被用于合成有机物，从而被消耗[182]。从表 4.2 可以看到，DIC 与藻密度呈低度负相关，然而相关性不显著。从图 4.6 可以看到，消落期末期及汛期期间二者具有相似的曲线变化趋势，而其他时期两条曲线基本呈相反变化趋势。对二者做二次拟合，结果显示 DIC 与藻密度间存在以下关系式：Cells = 0.319DIC^2 + 14.373DIC − 132.02（R^2 = 0.134，n = 28）。

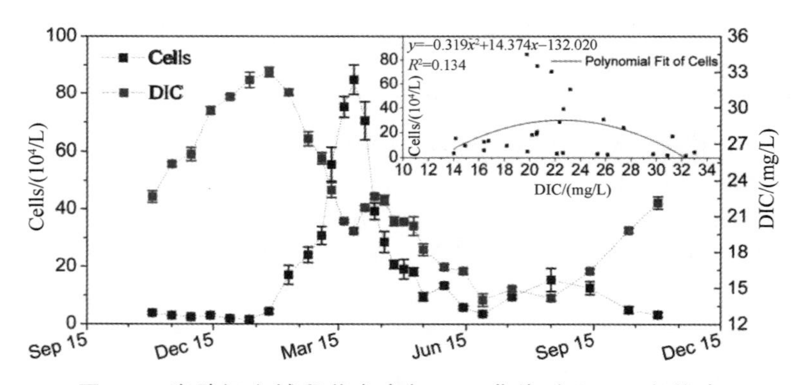

图 4.6 嘉陵江主城段藻密度与 DIC 曲线对比及回归拟合

如表 4.2 所示，$C(CO_2)$与藻密度呈中度负相关关系。如图 4.7 所示，$C(CO_2)$与藻密度曲线基本在全年呈相反的变化趋势。CO_2 是藻类生长过程中所需的碳素来源之一，同时也是水体无机碳的重要来源，因此随着藻密度的增加，相

应水体中的 CO_2 将会被大量消耗。对二者进行二次拟合，发现 $C(CO_2)$与藻密度间具有以下关系式：Cells = 1.389[$C(CO_2)^2$ – 25.24$C(CO_2)$ + 117.7（R^2 = 0.531，n = 28）。

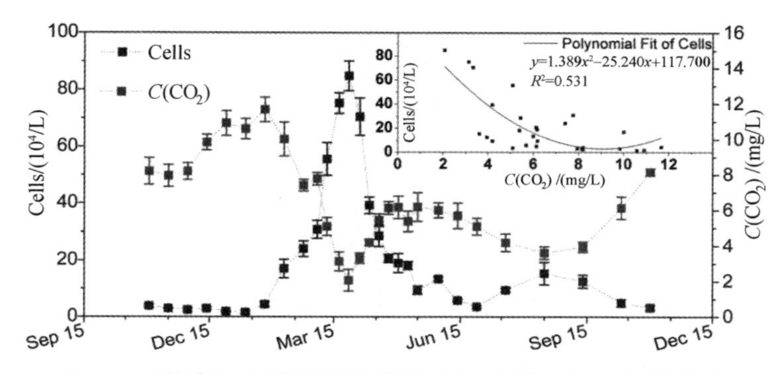

图 4.7　嘉陵江主城段藻密度与 CO_2 曲线对比及回归拟合

除源自面源冲刷的汇入补充外，水中浮游生物的生长也是 POC 的重要来源，有研究表明藻细胞自身及其死亡破碎后的有机碎屑均为颗粒态有机碳，因此 POC 与藻密度应具有一定的相关性[183]。如表 4.2 显示，POC 与藻密度呈低度正相关关系。同时，从图 4.8 可以发现，POC 与藻密度曲线在全年的变化规律具有一定相似性。对二者的二次拟合显示，POC 与藻密度间存在如下关系：Cells = – 60.5POC^2 + 154.7POC – 64.9（R^2 = 0.225，n = 28）。

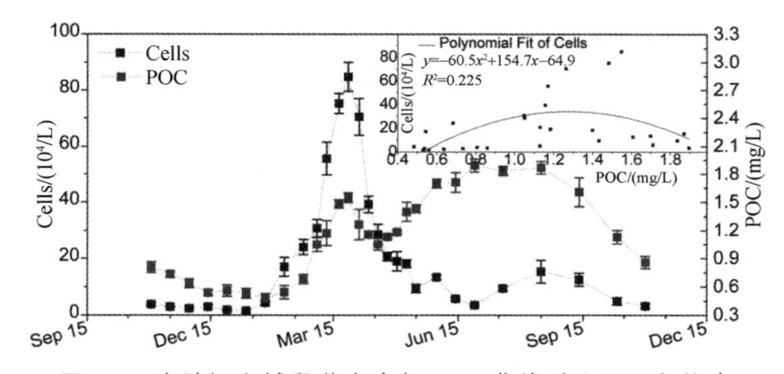

图 4.8　嘉陵江主城段藻密度与 POC 曲线对比及回归拟合

4.4.3　氮素对藻类生长的影响

如表 4.3 所示为各不同形态氮素与藻密度间的相关系数，由表可知，四种氮素与藻密度均不具有显著相关性，而硝氮与亚硝氮含量对藻类生长有一定的影响，因此需要进一步讨论。

表 4.3 藻密度与不同形态氮素间相关系数

相关性	TN	NO_3^--N	NO_2^--N	NH_4^+-N
cells	0.266	0.268	−0.264	0.168

**. 在置信度（双测）为 0.01 时，相关性是显著的。
*. 在置信度（双测）为 0.05 时，相关性是显著的。

NO_3^--N 虽不能直接被藻类利用，但通过一系列的还原反应，可被转化为藻类可直接利用的氮素形态，最终合成蛋白质成为藻细胞自身有机体的一部分[184]。因此，NO_3^--N 浓度的提高理论上能够促进藻类的生长。然而表 4.3 显示二者相关性较低，且不具备显著性。图 4.9 中显示两条曲线的相似性较低，表明由于藻类生长受众多因素的影响，实际水体中硝氮含量对藻密度的影响有限。进一步通过线性拟合，得出了二者间的关系式：Cells = 68.55C(NO_3^--N) − 56（R^2 = 0.119，n = 28）。

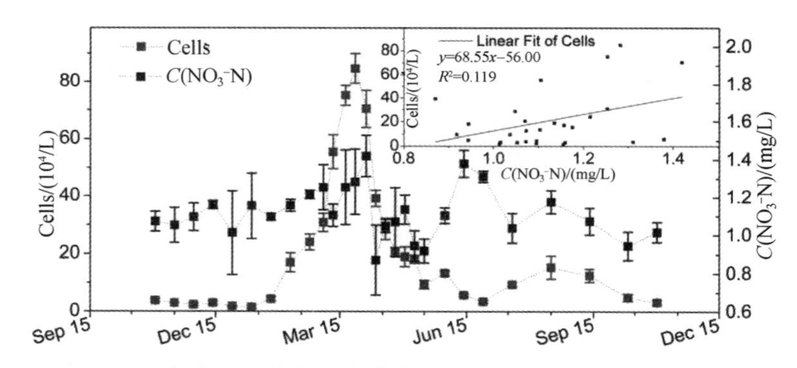

图 4.9 嘉陵江主城段藻密度与 NO_3^--N 曲线对比及回归拟合

亚硝氮是硝氮经硝酸还原酶转化后的氮素形态，在嘉陵江主城段水体中含量较低，由于亚硝氮的氮素相对硝氮处于还原态，因此其更容易被转化为胺，从而更容易被藻类利用。在藻类大量生长和增殖时，水体中亚硝氮会被大量消耗。表 4.3 显示二者呈现低度负相关，然而相关性不显著。通过图 4.10 的曲线对比可发现，亚硝氮浓度与藻密度曲线之间无明显规律，进一步对亚硝氮浓度与藻密度进行二次拟合，得到如下关系式：Cells = $-6.18\times10^5[C(NO_2^-\text{-N})]^2 + 1.73\times10^4 C(NO_2^-\text{-N}) - 92.17$（$R^2$ = 0.075，n = 28），其 R^2 较低。

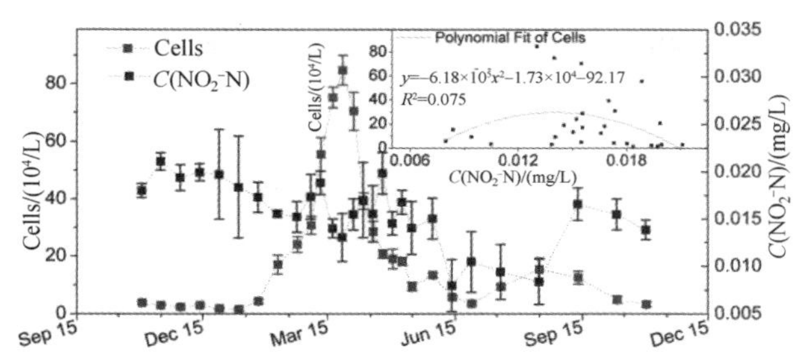

图 4.10 嘉陵江主城段藻密度与 NO_2^--N 曲线对比及回归拟合

4.4.4 磷素对藻类生长的影响

如表 4.4 所示为各不同形态磷素与藻密度间的相关系数，由表可知，TDP、PP、SRP、DOP、EHP 均与藻密度具有显著相关性。由于 TDP 包括 SRP 与 DOP，因此 TDP 与藻密度之间的关系将不被重复讨论。另一方面，其他与藻密度相关性较低或不显著的因素，需做进一步讨论。

表 4.4 藻密度与不同形态磷素间相关系数

相关性	TP	TDP	PP	SRP	DOP	EHP	NP
cells	0.265	−0.516**	0.573**	−0.577**	0.640**	0.364*	0.012

**. 在置信度（双测）为 0.01 时，相关性是显著的。
*. 在置信度（双测）为 0.05 时，相关性是显著的。

如表 4.4 所示，PP 与藻密度呈中度正相关。如图 4.11 所示，二者在消落期及汛期均相对其他时期较高，同时消落期藻密度远高于汛期，而汛期 PP 高于消落期 PP。这是由于流速的变化对二者产生不同的影响，流速的提高使得水体 PP 大量增加，同时破坏了藻类的生长环境，导致藻密度下降。通过对 PP 与藻密度的二次拟合，发现 PP 与藻密度之间存在如下关系式：$Cells = -8.28\times10^3PP^2 + 1.44\times10^3PP - 13.98$（$R^2 = 0.376$，$n = 28$）。

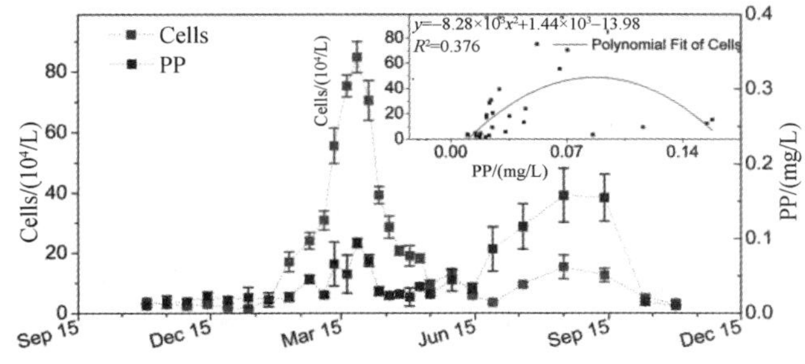

图 4.11 嘉陵江主城段藻密度与 PP 曲线对比及回归拟合

溶解性正磷酸盐是藻类可直接利用的磷素类型，如表 4.4 所示，二者间存在中度负相关关系。藻类的生长过程中需要消耗大量的 SRP，如图 4.12 所示，当消落期藻华爆发时，嘉陵江主城段水体 SRP 含量为全年最低，同时在其他时段两参数对应曲线也基本呈相反的变化趋势。对 SRP 与藻密度间进行二次拟合，结果显示两者间有如下关系：$\text{Cells} = 4.05\times10^4\text{SRP}^2 - 4.57\times10^3\text{SRP} + 135.92$（$R^2 = 0.849$，$n = 28$）。

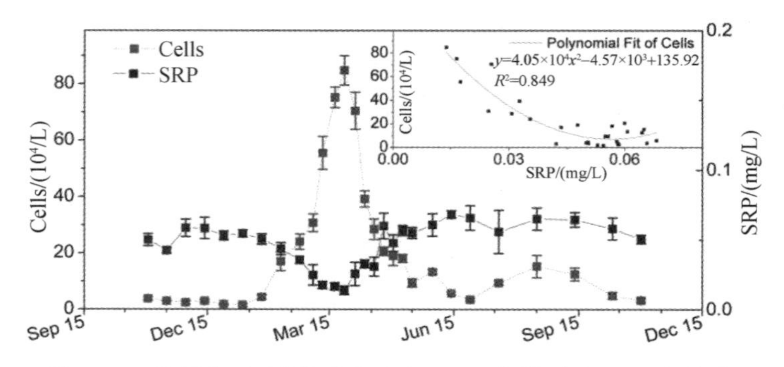

图 4.12　嘉陵江主城段藻密度与 SRP 曲线对比及回归拟合

如表 4.4 所示，溶解性有机磷在嘉陵江主城段浓度较低，与藻密度呈中度正相关关系。DOP 主要源自面源输入，且相当一部分来自水体对消落带底泥的冲刷，在雨水及河水的冲刷下，大量溶解性有机磷从底泥释放并进入水体，因此在消落期与汛期 DOP 受雨水增加影响，大量汇入嘉陵江水体中，其浓度相对于其他时期有一定提高[185]。图 4.13 显示，藻密度在消落期期间出现大幅度上升，而在汛期末期也有小幅度上升，藻密度与 DOP 曲线具有一定相似性。对两个指标进行二次拟合，结果显示 DOP 与藻密度具有如下关系：$\text{Cells} = 1.43\times10^5\cdot\text{DOP}^2 - 3.6\times10^3\cdot\text{DOP} + 29.16$（$R^2 = 0.619$，$n = 28$）。

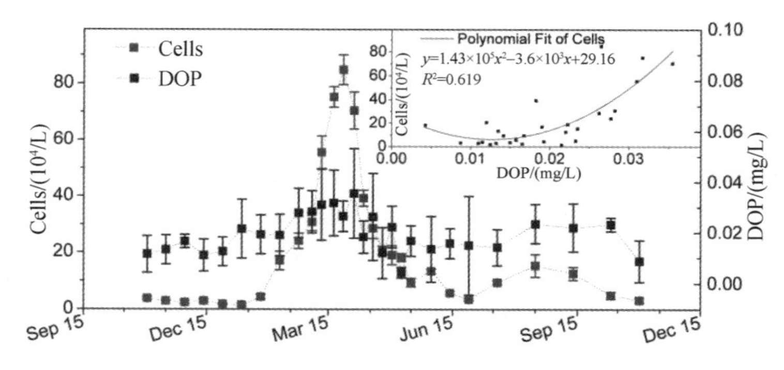

图 4.13　嘉陵江主城段藻密度与 DOP 曲线对比及回归拟合

EHP 是可被碱性磷酸酶催化降解的有机磷，因此其在水体中的变化特征与 DOP 相似，表 4.4 显示 EHP 与藻密度呈现低度正相关。作为碱性磷酸酶的底物，EHP 对促进藻类生长有着重要作用，其在水体 SRP 较少时，能够被碱性磷酸酶分解转化为正磷酸盐,从而对水体中 SRP 的缺乏起到补充作用[154]。图 4.14 显示，除消落期期间 EHP 未随藻密度大幅上升，其他时期二者曲线变化趋势较为相似。对 EHP 与藻密度进行二次拟合，结果显示二者存在如下关系：$\text{Cells} = 4.74 \times 10^5 \cdot \text{EHP}^2 - 1.19 \times 10^4 \cdot \text{EHP} + 85.93$（$R^2 = 0.502$，$n = 28$）。

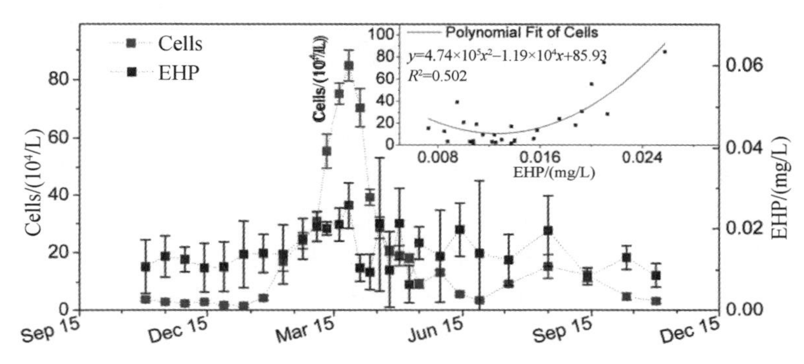

图 4.14　嘉陵江主城段藻密度与 EHP 曲线对比及回归拟合

4.4.5　酶活性对藻类生长的影响

如表 4.5 所示为嘉陵江主城段水体中三种常见酶活性与藻密度间的相关系数，由表可知，三种酶活性均与藻密度存在显著相关性。

表 4.5　藻密度与酶活性间相关系数

相关性	CAA	NRA	APA
cells	0.763**	0.638**	0.427*

**. 在置信度（双测）为 0.01 时，相关性是显著的。

*. 在置信度（双测）为 0.05 时，相关性是显著的。

如表 4.5 所示，CAA 与藻密度呈高度正相关。水体碳酸酐酶主要源于包括藻类在内的水生生物的分泌；同时，由于藻细胞在藻类爆发性增长的末期会逐步凋亡并释放出大量胞内有机物，因此藻细胞破裂后释放的碳酸酐酶也是水中碳酸酐酶的重要来源[186]，因此，藻密度的上升会使得水体中碳酸酐酶含量上升；另一方面，水体碳酸酐酶含量的上升也会促进藻类对碳素的转化吸收，从而促进藻类生长。从图 4.15 可以看出，CAA 的曲线与藻密度曲线极为相似，进一步验证了二者之间的内在联系。对 CAA 与藻密度进行二次拟合，结果显示二者之间存在如下关系式：$Cells = 53.44CAA^2 - 16.94CAA + 3.26$（$R^2 = 0.493$，$n = 28$）。

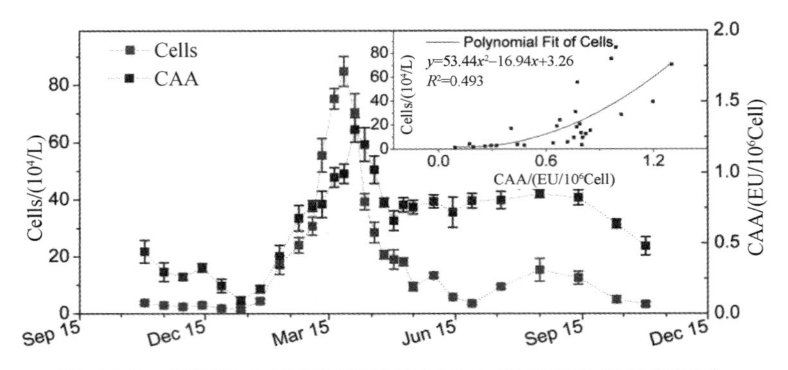

图 4.15　嘉陵江主城段藻密度与 CAA 曲线对比及回归拟合

如表 4.5 所示，NRA 与藻密度呈中度正相关。水体硝酸还原酶的来源与碳酸酐酶相似，主要源于包括藻类在内的水生生物细胞破裂后的释放，因此藻密度的上升会使得水体中硝酸还原酶含量上升；另一方面，水体硝酸还原酶含量的上升也会促进藻类对氮素的吸收，从而促进藻类生长。从图 4.16 可以看出，NRA 的曲线与藻密度曲线较为相似，进一步印证了二者间的内在联系。通过曲线估计和回归分析，对 NRA 与藻密度进行线性拟合，结果显示二者间存在如下关系式：$Cells = 356.64NRA - 24.47$（$R^2 = 0.659$，$n = 28$）。

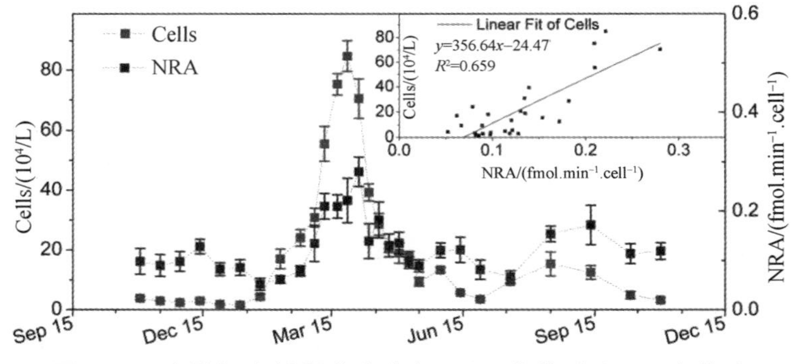

图 4.16　嘉陵江主城段藻密度与 NRA 曲线对比及回归拟合

如表 4.5 所示，APA 与藻密度呈中度正相关。与前两种酶相似，水体碱性磷酸酶主要由藻类分泌或在藻细胞破裂后释放进入水体。同样，藻密度的上升会促进水体中碱性磷酸酶含量的上升；另一方面，水体碱性磷酸酶含量的上升也会帮助藻类更好地利用水体中的磷素，从而促进藻类生长。从图 4.17 可以看出，APA 的曲线与藻密度曲线极为相似，印证了二者间的内在联系。通过曲线估计和回归分析，对 APA 与藻密度间进行二次拟合，结果显示二者间存在如下关系式：$Cells = -0.65APA^2 + 16.02APA - 2.34$（$R^2 = 0.727$，$n = 28$）。

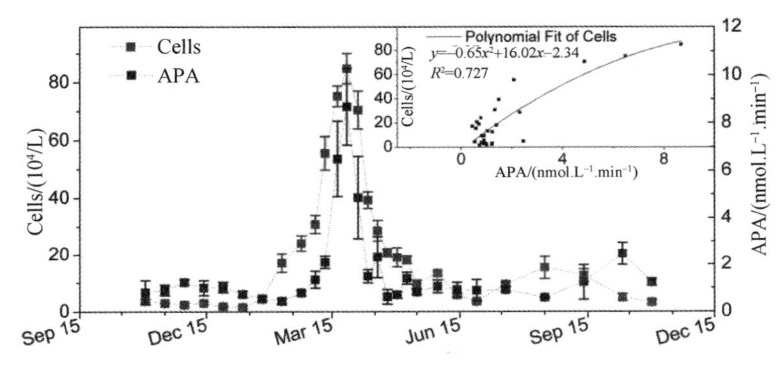

图 4.17　嘉陵江主城段藻密度与 APA 曲线对比及回归拟合

根据藻华爆发密度最低阈值 2×10^5 Cells/L，可得出在整个采样期期间，嘉陵江主城段水体藻华爆发时段为 2 月 21 日至 4 月 24 日。根据藻密度随时间的变化情况，藻华爆发期又可分为藻密度上升期及回落期，分别为 2 月 21 日至 3 月 26 日、3 月 26 日至 4 月 24 日。在藻华爆发期间的这两个不同阶段内，藻密度与酶活性之间具有不同的关系。在藻密度上升期期间，CAA 与藻密度具有如下关系式：$Cells = 184.48CAA - 99.95$（$R^2 = 0.873$）；NRA 与藻密度具有如下关系式：$Cells = 393.39NRA - 13.11$（$R^2 = 0.783$）；APA 与藻密度具有如下关系式：$Cells = -1.11APA^2 + 17.55APA + 13.63$（$R^2 = 0.942$）。而在藻密度回落期，CAA 与藻密度具有如下关系式：$Cells = 62.86CAA - 17.88$（$R^2 = 0.451$）；NRA 与藻密度具有如下关系式：$Cells = 353.72NRA - 18.68$（$R^2 = 0.502$）；APA 与藻密度具有如下关系式：$Cells = -0.64APA^2 + 14.08APA + 11.82$（$R^2 = 0.919$）。将藻华爆发密度阈值 2×10^5 Cells/L 代入上述关系式，即可求出对应的藻华爆发起始酶活性及藻华结束时所对应的酶活性。根据该估算方法，以碳酸酐酶活性作为藻华评价指标，当消落期初期 CAA 取值大于 0.650 EU · 10^{-6}cell 时表示藻华出现，而在消落期末期 CAA 取值小于 0.603 EU · 10^{-6}cell 时可认为藻华消失。以硝酸还原酶活性作为评价指标时，当消落期初期 NRA 取值大于 0.084 fmol · min^{-1} · $cell^{-1}$时表示藻华出现，而在消落期末期 NRA 取值小于 0.109 fmol · min^{-1} · $cell^{-1}$时可认为藻华消失。

以碱性磷酸酶活性作为评价指标时，当消落期初期 APA 取值大于 0.372 nmol · L^{-1} · min^{-1} 时，结合藻密度上升的趋势，表示藻华出现，而在消落期末期 APA 取值小于 0.597 nmol · L^{-1} · min^{-1} 时可认为藻华消失。基于以上分析可得，由于各酶活性在藻类生长过程中的重要作用，及其与藻密度之间的高度相关性，可将各酶活性指标作为评价藻华是否发生或结束的依据。

4.5 藻密度综合影响模型构建

在上述各水文水质指标、营养盐指标、金属离子及酶活性指标中，与藻密度具有内在联系，同时具有显著相关性的指标包括 V、pH、Chla、Zn^{2+}、POC、CO_2、SRP、EHP、CAA、NRA、APA。在上述内容中从各个指标的角度阐述了其与藻密度之间的联系，然而由于藻类的生长影响因素十分复杂，从单个指标无法较为全面地阐述藻类的生长规律及藻华的成因。因此有必要建立藻密度综合影响模型，将上述参数引入模型，从而更加全面地描述嘉陵江主城段藻类的生长规律。由于上述指标间存在一定的相关性，为避免共线性的发生，增加模型的可信度，本书将通过主成分回归的方法将各指标引入模型，从而建立藻密度综合影响模型[187]。

表 4.6 主成分解释的总方差

成分	初始特征值			提取平方和载入		
序号	合计	方差的%	累积%	合计	方差的%	累积%
1	6.133	55.755	55.755	6.133	55.755	55.755
2	3.133	28.482	84.237	3.133	28.482	84.237
3	0.848	7.712	91.949	0.848	7.712	91.949
4	0.326	2.961	94.910	0.326	2.961	94.910
5	0.246	2.236	97.146	0.246	2.236	97.146
6	0.164	1.487	98.633	0.164	1.487	98.633
7	0.106	0.960	99.593	0.106	0.960	99.593
8	0.024	0.215	99.808	0.024	0.215	99.808
9	0.016	0.142	99.950	0.016	0.142	99.950
10	0.005	0.046	99.996	0.005	0.046	99.996
11	0.000	0.004	100.000	0.000	0.004	100.000

通过 SPSS 主成分分析，我们得到了各主成分的特征值及其解释的总方差百分比（见表 4.6）。如表 4.6 所示，成分 1 与成分 2 特征值均大于 1，同时二者可解释 84.237%的总方差。当主成分所解释的累积方差大于 80%时，即可提取相应主成分，因此本书将提取 2 个主成分进行进一步分析。

如图 4.18 所示为所提取的主成分所含各参数的得分图，如表 4.7 所示为主成分与各参数间的得分矩阵，主成分 1 和主成分 2 分别记为 C_1（Component 1）、C_2（Component 2）。

表 4.7　成分矩阵

相关性	V	pH	Zn^{2+}	Chla	POC	CO_2	SRP	EHP	NRA	APA	CAA
C_1	0.287	0.855	0.829	0.900	0.556	−0.837	−0.619	0.350	0.876	0.830	0.922
C_2	0.834	0.475	−0.434	−0.330	0.796	−0.504	0.695	−0.544	−0.100	−0.429	0.230

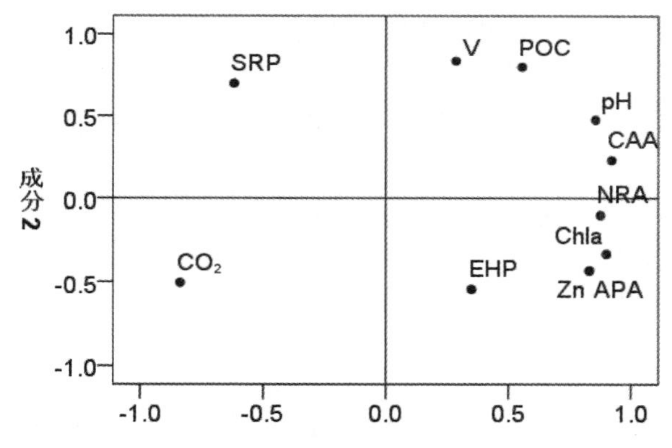

图 4.18　嘉陵江藻密度相关指标主成分得分图

通过各参数的得分结合主成分的特征值，可以计算出主成分中各指标的系数，计算公式如下：

$$系数=成分得分/\sqrt{特征值} \tag{4.3}$$

将各成分得分及特征值代入公式（4.3），经计算求得各指标在主成分中的系数，从而得到主成分与各指标间的关系式如下：

$C_1 = 0.116V + 0.345\text{pH} + 0.335\text{Zn}^{2+} + 0.363\text{Chla} - 0.225\text{POC} - 0.338\text{CO}_2 - 0.25\text{SRP} + 0.141\text{EHP} + 0.354\text{NRA} + 0.335\text{APA} + 0.372\text{CAA}$；

$C_2 = 0.471V + 0.268\text{pH} - 0.245\text{Zn}^{2+} - 0.186\text{Chla} + 0.45\text{POC} - 0.285\text{CO}_2 + 0.393\text{SRP} - 0.307\text{EHP} - 0.056\text{NRA} - 0.242\text{APA} + 0.13\text{CAA}$。

对 $C1$、$C2$ 与藻密度进行线性拟合，得到主成分回归系数，如表 4.8 所示。

表 4.8　主成分回归系数

	非标准化系数		标准系数	t	Sig.
	系数	标准误差			
常数	19.600	1.850		10.592	0.000
成分 1	21.019	1.915	0.898	10.974	0.000
成分 2	− 7.848	1.915	− 0.335	− 4.097	0.001

藻密度与主成分间的关系式为：$\text{Cells} = 21.019C_1 - 7.848C_2 + 19.6$（$R^2 = 0.906$）。将各主成分与指标间的关系式代入，得到藻密度与各指标间的关系式：$\text{Cells} = -1.262V + 5.152\text{pH} + 8.962\text{Zn}^{2+} + 9.103\text{Chla} + 1.191\text{POC} - 4.871\text{CO}_2 - 8.336\text{SRP} + 5.383\text{EHP} + 7.88\text{NRA} + 8.948\text{APA} + 6.807\text{CAA} + 19.6$。此关系式为嘉陵江主城段水体藻密度综合影响模型，其中藻密度的单位为 10^4 cell/L，不同参数前的系数反映了该参数与藻密度之间的正负相关性及影响大小。

4.6　藻华预测模型构建及验证

4.6.1　藻华预测模型构建

如图 4.1 所示，嘉陵江主城段水体春季藻密度增长迅速，从 2 月 7 日至 3 月 26 日藻密度从 17.03×10^4 cells/L 迅速增长至 84.81×10^4 cells/L，几乎增长了 5 倍，因此这个时期可以认为是藻华控制的关键时期，即藻华易发期。研究表明，在藻华爆发前如果采取有效措施，可以避免藻华的发生，从而降低生态风险及减少经济损失。因此，如果在此阶段前能对水体藻类的生长情况进行预测并采取相应措施，将有机会减轻藻华爆发的程度或降低藻华爆发的概率。鉴于此，为了控制藻华现象的发生并最大程度地降低藻华的危害，本文针对藻华易发期（2 月 7 日至 3 月 26 日）的藻密度，选择藻华易发期前不同时期的藻密度相关指标，对该类指标与藻密度间的相关性进行检验。根据相关性的大小选择藻华预测最佳时期，并通过多元线性回归的方法得到相应时期的藻华预测模型。

在本书中，选择的藻密度相关指标为藻华综合影响模型中的 V、pH、Chla、POC、CO_2、SRP、EHP、NRA、APA、CAA，而 Zn^{2+}由于样本相对较少，在此不列入藻华预测模型。如表 4.9 所示为提前不同时间段下，藻密度相关参数与藻华易发期期间藻密度的相关系数矩阵。其中第 0 组为藻华易发期藻密度与相关指标间的相关系数，第 1 组为提前 2 周的藻密度相关指标与易发期藻密度间的相关系数，第 2 组为提前 4 周，依此类推。

表 4.9　藻密度与不同时期相关指标间的相关系数矩阵

相关性	V	pH	Chla	CO_2	POC	SRP	EHP	CAA	NRA	APA
0	0.829*	0.943**	1.000**	− 0.943**	1.000**	− 1.000**	1.000**	1.000**	0.943**	1.000**
1	1.000**	0.943**	1.000**	− 0.943**	1.000**	− 1.000**	0.943**	1.000**	0.943**	0.943**
2	1.000**	0.886*	1.000**	− 0.886*	0.943**	− 1.000**	0.899*	1.000**	0.657	0.771
3	1.000**	0.771	0.943**	− 0.771	0.600	− 0.943**	0.899*	0.829*	0.143	0.200
4	1.000**	0.486	0.829*	− 0.257	0.314	− 0.943**	0.899*	0.486	− 0.714	− 0.600
5	1.000**	− 0.371	0.600	0.600	− 0.543	− 0.943**	0.725	− 0.029	− 0.829*	− 0.943**

**. 在置信度（双测）为 0.01 时，相关性是显著的。

*. 在置信度（双测）为 0.05 时，相关性是显著的。

如表 4.9 中所示，藻华易发期藻密度与各指标间有如下关系：Cells = 156.435V − 3.287CO_2 − 22.588CAA + 3.516APA + 125.881NRA + 43.916，由于共线性的原因，其他变量被排除模型外。

第 2 至 5 组均存在与藻密度无显著性相关的指标，因此通过这四组数据对藻华易发期藻密度进行预测的准确性较低。第 1 组各指标与藻密度相关性较好，通过多元线性拟合，得到提前 2 周的藻华易发期藻密度预测模型：Cells = − 46.507pH + 37.894CAA − 586.025EHP + 2.237APA + 358.27NRA + 352.778，其中各参数单位依次为 Cells（10^4 cell/L）、CAA（EU · 10^{-6} cell）、APA（nmol · L^{-1} · min^{-1}）、NRA（fmol · min^{-1} · $cell^{-1}$）、EHP（mg/L），其他变量由于共线性的原因而被排除至模型外。

以上模型均在理论上符合各因素与藻密度间的关系，在数学分析上经过严密的论证，对于藻类的监测及预测具有一定的理论价值和潜在的应用价值。

4.6.2　藻华预测模型验证

上述藻华预测模型基于 2014 年藻华易发期数据构建，本节将 2013、2015 对应时期的数据代入，以此对藻华预测模型进行验证。2013、2015 年藻华易发期藻密度相关指标数据如表 4.10 所示；藻华易发期藻密度计算值根据藻华预测模型 Cells = − 46.507pH + 37.894CAA − 586.025EHP + 2.237APA +

358.27NRA + 352.778 计算而来，其藻密度计算值及实际值也一并列入表中用于对照。

通过独立样本 Mann-Whitney U 检验得出，13 及 15 年藻密度计算值与藻密度实际值间均无显著性差异（$P<0.05$），这表明 13 年藻华易发期及 15 年藻华易发期相关参数均可用来对当年藻华进行短期预测（两周内），该藻华预测模型在实际藻华预测中具有较好效果。

表 4.10 藻华易发期藻华预测模型验证

Date	pH	CAA	EHP	APA	NRA	Cells-caculated	Date	Cells-actual
13.1.31	7.55	0.104	0.015	0.243	0.042	12.392	2.14	4.5
—	—	—	—	—	—	—	2.25	12.6
13.2.14	7.65	0.307	0.017	0.339	0.052	18.059	3.06	14.2
13.2.25	7.98	0.677	0.018	0.739	0.079	26.714	3.13	35.7
13.3.06	8.26	0.776	0.025	1.346	0.18	50.885	3.21	41.2
13.3.13	8.36	0.966	0.03	2.098	0.22	66.517	3.28	75.4
14.2.10	7.85	0.355	0.014	0.442	0.067	17.939	2.25	17.2
14.2.25	8.05	0.707	0.017	1.12	0.119	40.365	3.10	33.5
14.3.10	8.32	0.856	0.021	2.15	0.21	66.017	3.25	78.4

4.7 本章小结

本章以嘉陵江主城段磁器口、化龙桥、大溪沟、朝天门四个采样点水体作为研究对象，以长江两江交汇口水体作为对照样本，对嘉陵江及长江主城段消落带水体中藻密度的变化规律及分布特性进行了研究，同时对各相关指标与藻密度的关系进行了研究，并进一步探讨了藻华影响规律及藻华预测，主要结论如下：

（1）嘉陵江主城段水体藻密度全年变化范围为 $1.56 \sim 84.81 \times 10^4$ cells/L，年平均值为（$20.33 \pm 22.70 \times 10^4$）cells/L，显著高于长江水体藻密度。不同时期的藻密度表现为：消落期藻密度高于汛期藻密度，汛期藻密度高于蓄水期藻密度，全年峰值出现在消落期期间。嘉陵江主城段水体藻华爆发最低阈值为 2×10^5 Cells/L。

（2）嘉陵江主城段水体藻密度与 V、pH、Zn^{2+}、PP、DOP、NRA、APA 呈中度正相关，与 C(Chla)、CAA 呈高度正相关关系，与 POC、EHP 呈低度正相关关系，与 $C(CO_2)$呈中度负相关关系，与 TDP、SRP 呈中度负相关；与其他指标间或无相关性，或相关性不显著。

（3）通过主成分回归得到嘉陵江主城段水体全年藻密度综合影响模型为：$Cells = -1.262V + 5.152pH + 8.962Zn^{2+} + 9.103Chla + 1.191POC - 4.871CO_2 - 8.336SRP + 5.383EHP + 7.88NRA + 8.948APA + 6.807CAA + 19.6$。

（4）嘉陵江主城段水体藻华易发期藻密度综合影响模型为：$Cells = 156.435V - 3.287CO_2 - 22.588CAA + 3.516APA + 125.881NRA + 43.916$；藻华易发期藻密度预测模型为：$Cells = -46.507pH + 37.894CAA - 586.025EHP + 2.237APA + 358.27NRA + 352.778$。

上述研究表明，嘉陵江受藻华的影响要大于长江干流，其水体藻生物量主要受到水文条件和营养盐条件的影响，同时酶活性在藻类利用营养盐的过程中起关键性作用。本书也进一步证实了在藻类可利用的活性营养盐缺乏情况下，藻类通过大量分泌酶对其他形态营养盐进行转化，从而对活性营养盐进行补充的营养盐利用途径。该途径解释了部分水体在营养盐限制的条件下出现藻华的现象，为进一步细化研究藻华形成机制指明了方向。

第 5 章　水体碱性磷酸酶活性影响单因素验证研究

5.1　引　言

在第 2～4 章的研究中，对嘉陵江主城段水体中各常见水文水质指标、碳氮磷营养盐、营养盐相关酶活性进行了调查和分析，得到了各指标的变化规律，并对不同指标间的关系进行了探讨。从分析中可发现，水中藻类的生物量与总碳、总氮、总磷等指标并无显著相关性，而与溶解性无机碳、硝氮、溶解性有机磷等特定形态营养盐存在一定相关性。这些物质分别为碳酸酐酶、硝酸还原酶及碱性磷酸酶的底物，此类酶的活性对于藻类的营养盐利用至关重要，因此本章将基于原位水样研究基础，对酶活与其主要影响因素之间的关系进行实验室定量分析与验证。

从上一章中的藻华综合影响模型及藻华易发期藻华预测模型可以发现，EHP 为模型中的重要参数。EHP 主要是水体中易于被酶解的有机磷，这表明水体有机磷含量是影响藻华的重要因素。根据针对藻类成分研究的菲尔德比例，藻类的主要元素 C、N、P 之间的比例为 106∶6∶1[188]。这三类元素均为藻类生长所必需元素[189]，进一步研究表明，在这三种元素中 P 虽然占比最低，但有研究表明藻类对磷素的变化最为敏感[190]。另一方面，包括三峡库区在内的我国大部分淡水水体属于磷限制水体[42, 43]，因此包括 EHP 在内的磷素的变化及相应碱性磷酸酶活性的变化对于嘉陵江主城段藻华的影响相对较大。基于嘉陵江水体的特点，本章将以碱性磷酸酶为例，研究嘉陵江水华典型藻种培养中，水温、pH、流速、金属离子、氮磷比、不同有机磷浓度及不同磷形态等因素对水体酶活性的影响，进一步验证原位水体分析中所得出的碱性磷酸酶活性变化机理。

5.2　培养环境设置

5.2.1　培养基配置

本书针对针杆藻所采用培养基为改进版 AGP 培养基。根据具体实验需求，部分成分进行了微调。培养基具体成分如表 5.1 所示。

其中 A5 配置过程为分别取 2.86 g H_3BO_3、1.86 g $MnCl_2 \cdot 4H_2O$、0.22 g $ZnSO_4 \cdot 7H_2O$、0.39 g $Na_2MoO_4 \cdot 2H_2O$、0.08 g $CuSO_4 \cdot 5H_2O$、0.05 g $Co(NO_3)_2 \cdot 6H_2O$，并加入 1 L 蒸馏水中，并用 1 M 的 NaOH 或 HCl 调节 pH 至 7.5 ± 0.1。

培养基在 120 °C 高温条件下杀菌 30 min 后用于藻类培养；培养条件为 12 h：12 h 光暗比，2 200 lux 光照，25 °C；藻种选用对数期藻种进行接种。

表 5.1　改进版 AGP 培养基成分及配比

AGP 培养基	
成分	每 L 含量
$NaNO_3$	1 500 mg
K_2HPO_4	40 mg
$MgSO_4 \cdot 7H_2O$	75 mg
$CaCl_2 \cdot 2H_2O$	36 mg
$EDTANa_2$	1 mg
A5	1 mL
$NaHCO_3$	15 mg
$MgCl_2$	5.7 mg
$FeCl_3$	96 mg
$Na_2SiO_3 \cdot 9H_2O$	101.2 mg

5.2.2　磷素浓度及形态对 APA 的影响实验

水体中有机磷的形态多而复杂，一般源于外源污染及水生生物的代谢，常见的水体有机磷物质有磷酸腺苷类、葡萄糖磷酸化化合物以及一些磷酸单酯类化合物等[191]。当水体中的正磷酸盐含量很低时，对有机磷源的利用能力便成为藻类在生长过程中的竞争优势之一[192]。本实验选取磷酸-葡萄糖（G6P）、三磷酸腺苷（ATP）、甘油磷酸钠（GP）、卵磷脂（LEC）四种有机磷为研究对象，代替培养基中 K_2HPO_4 作为磷源。实验中培养基总磷浓度设定为 0.3 mg/L，N/P 控制在 20：1，并在同样条件下以 K_2HPO_4 为磷源作为对照样。向含不同种类磷源的培养基中接种嘉陵江水体典型藻华藻种针杆藻，接种密度为 1.5×10^5 cells/mL，样品体积设定为 400 mL。

通过控制培养基中 ATP 的浓度，设置了 0.3 mg/L、1.5 mg/L、2.5 mg/L、4.5 mg/L、10 mg/L 五个磷素梯度，以 KCl 补充 K^+浓度至标准培养基中设定值，得到具有不同有机磷浓度的培养基，进一步用于针杆藻的培养；初始接种藻密度设定为 1.5×10^5 cells/mL，样品体积设置为 400 mL。

以上实验每个组别均设置三个平行样，在接种后的 1、3、5、7、9、11、13、15 天测量样品碱性磷酸酶活性。

5.2.3 环境指标对 APA 的影响实验

根据嘉陵江水体各指标对藻类生长的影响大小及实际取值变化范围，本书选择了水温、pH、流速、Zn^{2+}浓度、N/P 这五个指标，定量研究各指标对 APA 的影响机理。通过调整 A5 中 $ZnSO_4\cdot7H_2O$ 的含量，将培养基 Zn^{2+}浓度设置为四个梯度，通过设定环境温度、酸碱滴加、设置摇床转速、控制投加磷素等手段，将水温、pH、流速、N/P 这四个指标依次设置为五个梯度。以 ATP 为有机磷源，接种处于对数生长期的针杆藻，初始接种密度为 1.5×10^5 cells/mL，样品体积为 400 mL。每个组别设置三个平行样，接种后的 1、3、5、7、9、11、13、15 天测量样品中碱性磷酸酶活性。

5.3 磷素对 APA 的影响

5.3.1 不同形态磷素对 APA 的影响

作为碱性磷酸酶的催化底物，有机磷是诱导细胞碱性磷酸酶（AP）分泌并影响其活性高低的首要因素[192]。本书选取四种有机磷为磷源，以正磷酸盐作为对照，研究不同磷源对 APA 的影响。如图 5.1 所示，五种磷素在培养期间整体均呈上升趋势，这与培养基中无机磷缺乏程度相关，也符合在原位实验中所印证的酶活性“抑制诱导”机理[16]。四种有机磷在培养初期 APA 上升缓慢，这表明藻类在接种初期仍处在环境适应阶段。图中 SRP 所对应的 APA 在中后期逐渐超过大多数有机磷所对应 APA，这主要是由于 SRP 可直接被针杆藻利用，因此在接种后针杆藻的碱性磷酸酶活性没有其他有机磷源组高，而当培养基中的 K_2HPO_4 浓度逐渐下降后，低磷诱导效应逐渐显现，使得 SRP 组的 APA 逐步提高，甚至超过了除 ATP 组外的其他有机磷组别。

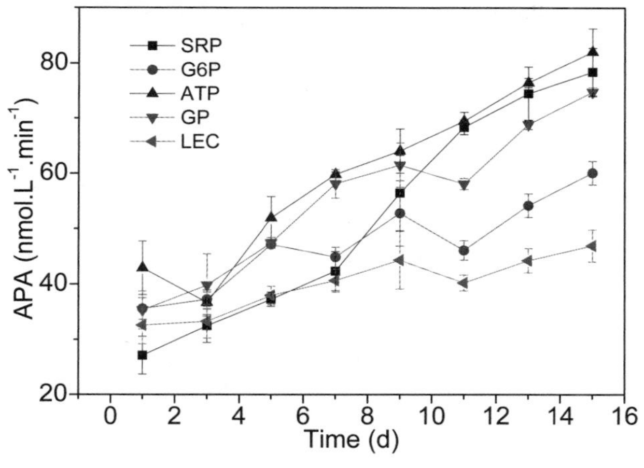

图 5.1　不同磷源培养下 APA 的变化曲线

5.3.2　有机磷浓度对 APA 的影响

基于在上述四种有机磷源中 ATP 最易被藻类酶解利用，本书将 ATP 作为有机磷元用于研究不同浓度有机磷下 APA 的变化规律。考虑到钼酸铵分光光度法测量总磷的有效范围，以及嘉陵江水体 TP 的含量范围[193]，本书选取 0.3 mg/L 作为有机磷的最小浓度。如图 5.2 所示，本实验选取了 0.3 mg/L、1.5 mg/L、2.5 mg/L、4.5 mg/L、10 mg/L 这 5 种水平的初始有机磷浓度，研究不同初始有机磷浓度下水体 APA 的变化特征。整体来看，初始有机磷浓度越低，其所对应的 APA 越高，这是由于缺磷所导致的酶活性诱导现象。具体来看，不同初始有机磷浓度所呈现的 APA 变化曲线明显不同，可以发现培养期结束后 0.3 mg/L 与 1.5 mg/L 两个组别的 APA 出现了显著上升，2.5 mg/L 及 4.5 mg/L 组别的 APA 与初期基本持平，10 mg/L 组别的 APA 相对之前略有下降，APA 的变化量与初始有机磷浓度成反比。从时间上来看，除 0.3 mg/L 组别外，其他各组 APA 均呈现先上升后下降再回升的特点。根据酶活性“抑制诱导”的原理，推测其主要原因是初期碱性磷酸酶水解有机磷释放了部分无机磷于培养基中，从而降低了水体 APA，随着时间的推移这部分无机磷又很快被消耗；由于有机磷并无补充，从而无法通过水解向水体持续补充无机磷，因此在缺磷诱导下，APA 很快出现回升。

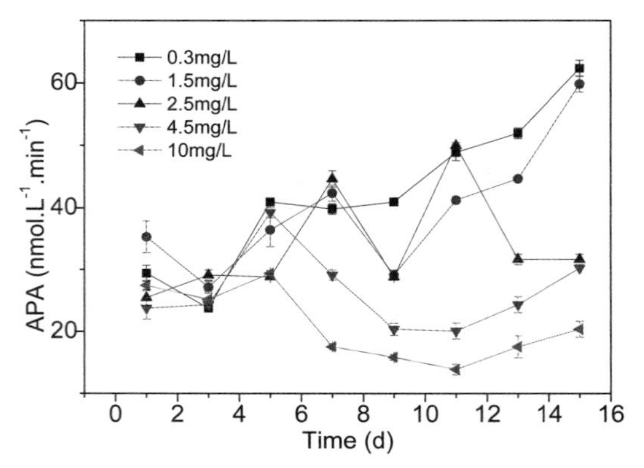

图 5.2 不同初始有机磷浓度培养下 APA 的变化曲线

5.4 常规环境指标对 APA 的影响

5.4.1 水温对 APA 的影响

水温是 APA 的重要影响因素，由图 5.3 可以看出温度对针杆藻 APA 活性的影响十分显著（$P<0.05$）。从整体上看，温度越高，APA 越高。另一方面，除 15 °C 组别酶活随培养时间的推移最终相对初始值下降外，其他组别 APA 均随培养的进行呈现上升的趋势。这表明 15 °C 及以下水温不适合藻类的生长，且水体 APA 的最适温度要高于 35 °C。然而根据原位实验结果可知，温度超过藻生长最适温度时将影响其生长，而藻类最适温度一般低于 30 °C，因此，虽然 30 °C、35 °C 两个组别中 APA 很高，然而其对藻类生长的具体影响程度还有待进一步探讨。

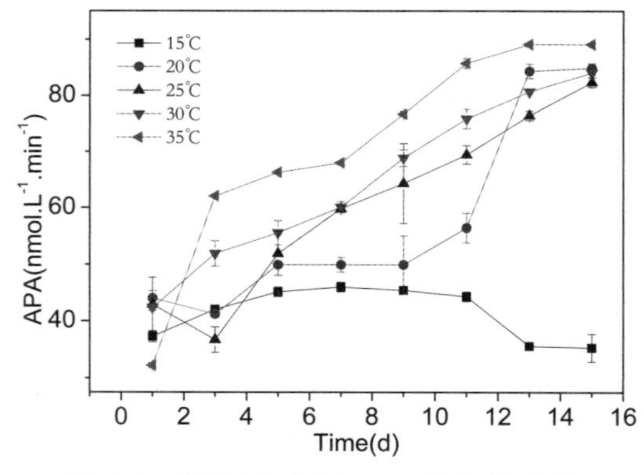

图 5.3 不同水温下 APA 的变化曲线

5.4.2 pH 对 APA 的影响

由原位实验可知：弱碱环境有利于碱性磷酸酶活性的表达。由图 5.4 可以看出：除 pH = 6.5 组别外，其他 pH 下 APA 大小相似，在 15 天培养期内 pH = 8.5 时，APA 有最大值。理论上 pH = 6.5 组别所对应的 APA 应最低，而其实际测得 APA 与理论存在一定差距，一方面实际操作存在一定误差，另一方面随着藻类的培养，其代谢副产物的释放将会使得体系 pH 逐步上升[180]，从而缩小不同组别间的 pH 值的差距，减少不同组别间 APA 因 pH 不同所造成的差异。总体来看，各组别的 APA 随时间变化趋势均是逐渐增大，这与培养基中磷素减少及 pH 的变化均存在一定联系，同时这也表明碱性磷酸酶的最适 pH 为碱性且接近于 8.5。

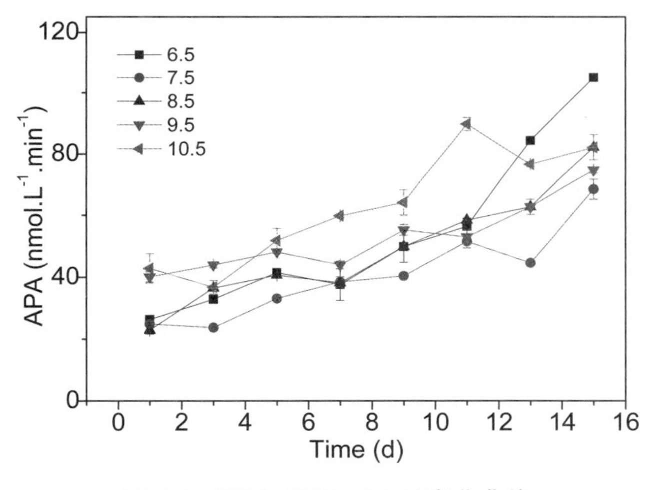

图 5.4　不同 pH 下 APA 的变化曲线

5.4.3 流速对 APA 的影响

由原位实验可知流速与 APA 并无本质联系，而图 5.5 显示：随着流速的增大，碱性磷酸酶活性将会降低，静止状态的碱性磷酸酶活性最高。由于流速与 APA 间无直接联系，此现象应与流速对藻类生长的影响有关，因此有待进一步讨论。从时间角度来看，随着培养时间的增加，酶活性逐步升高，这应与培养基中磷素的消耗有关。

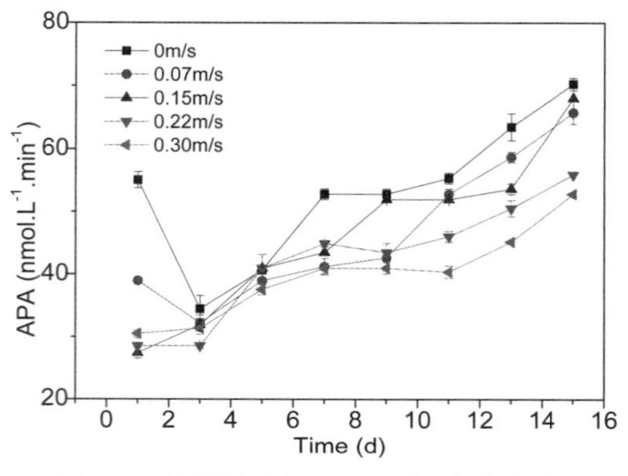

图 5.5　不同流速下 APA 的变化曲线

5.4.4　锌离子对 APA 的影响

锌、镁离子是碱性磷酸酶的重要辅基，对其活性的表达有重要作用。由于水体镁离子来源较为复杂且含量较高，因此原位实验显示其与酶活性并无明显相关性。由于原位水体中 Zn^{2+}含量较低，因此其与 APA 之间存在一定的相关性。嘉陵江主城段水体 Zn^{2+}浓度为 0.081 mg/L 以下，因此，本实验参考原位水体 Zn^{2+}浓度选取了四个浓度梯度。如图 5.6 所示，随 Zn^{2+}浓度的增大，水体 APA 呈现上升趋势，这表明原位水体的 Zn^{2+}全年最大值仍低于 APA 最适 Zn^{2+}浓度。从不同浓度 Zn^{2+}对应的组别的对比情况来看，含有 Zn^{2+}的组别相互间 APA 无显著性差异，而无 Zn^{2+}培养基所对应组别中的 APA 远小于其他组别，表明 Zn^{2+}在碱性磷酸酶活性表达中的重要性。同时可以看到：随着 Zn^{2+}浓度的增加，其最终 APA 会有一定程度的上升，这也表明 Zn^{2+}可以存进碱性磷酸酶活性的表达。

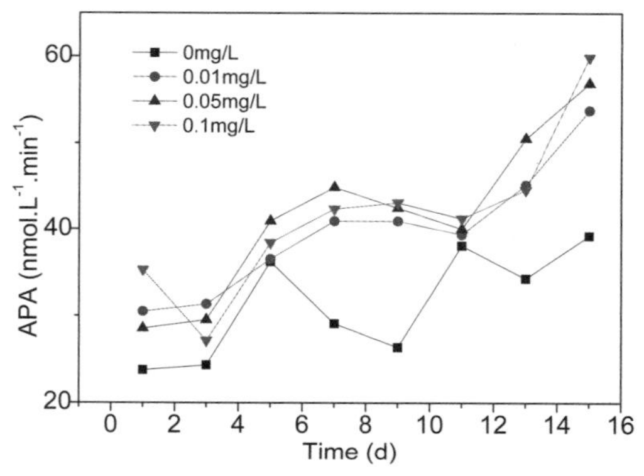

图 5.6　不同 Zn^{2+}浓度下 APA 的变化曲线

5.4.5 不同 N/P 对 APA 的影响

碱性磷酸酶的表达通常认为与环境中的 P 含量有关，但部分研究也认为其与氮磷比有关，Hoppe 表明碱性磷酸酶活性较高时，常伴随某一特定的氮磷比范围[194]。由图 5.7 可知，不同氮磷比条件下，碱性磷酸酶活性有显著性差异（$P<0.05$）。接种后的第一天，五个组别 APA 均出现了下降趋势，一方面是由于藻类尚处在适应期，另一方面是由于碱性磷酸酶对有机磷的水解释放出部分无机磷，使得各组别 APA 均出现下降。随着这类无机磷的消耗，APA 在第 2 天又开始快速升高。试验后期，除 1∶1 实验组 APA 下降之外，其他实验组 APA 均在持续上升，而上升幅度由大到小依次为 1∶20、1∶5、1∶50、1∶100。结果表明，APA 最适 N/P 接近于 1∶20，适宜的 N/P 比可促进碱性磷酸酶的分泌，从而提高其活性。因此，当氮缺乏或者氮过量时，均会对酶活性的表达产生一定程度的不利影响。

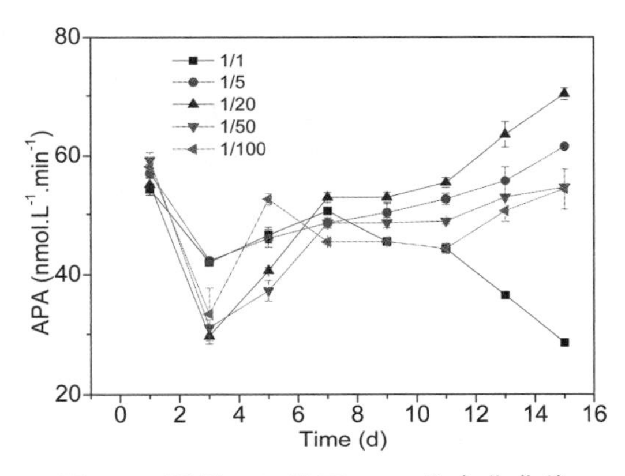

图 5.7　不同 N/P 比下 APA 的变化曲线

5.5 本章小结

本章主要在原位调查基础上选取酶活性的主要影响因素，进一步通过单因素实验研究了在嘉陵江主城段典型水华藻种针杆藻培养过程中，不同磷形态、不同有机磷初始浓度、水温、pH、流速、Zn^{2+}浓度、N/P 在实际水体的变化范围内对碱性磷酸酶活性的影响，得出了碱性磷酸酶对其主要环境影响因素的响应规律，主要研究成果如下：

（1）低浓度 SRP 及不同形态有机磷均能诱导碱性磷酸酶的分泌，其各自对应的碱性磷酸酶活性均会随培养时间的延长而上升。针杆藻对不同有机磷的利用能力大小依次为 ATP > GP > G6P > LEC，其利用有机磷的能力与该有机物分子量大小成反比。初始有机磷浓度越低，其相应的碱性磷酸酶活性越高。

（3）在 15 ~ 35 °C 范围内，水体 APA 会随水温的上升而增大。在弱碱性水体中，APA 的大小会随 pH 的增加而上升；且随着培养的进行，水体 pH 会逐步上升。静水水体 APA 较流动水体高，流动水体中 APA 随着流速的增加呈下降趋势。在 0 ~ 0.1 mg/L 的 Zn^{2+}浓度范围内，水体 APA 大小会随 Zn^{2+}浓度的增加而上升；另一方面，Zn^{2+}的缺乏将会对藻类的生长产生一定抑制作用。过高或过低氮磷比均会抑制水体碱性磷酸酶活性，在 N/P 为 20：1 时，碱性磷酸酶活性能够取得最大值。

从上述结论可得，在藻类可直接利用的活性磷 SRP 缺乏条件下，藻类将会被诱导分泌大量碱性磷酸酶，导致水体碱性磷酸酶活性进一步提高，其变化规律与原位水体基本一致；同时，水体不同有机磷对藻类碱性磷酸酶分泌的诱导能力均具有各自特点，分子量较小的有机磷易被碱性磷酸酶分解。影响碱性磷酸酶活性的因素是多方面的，除底物诱导外，水温、水体 pH、金属辅基 Zn^{2+}浓度以及 N/P 比均能对其活性产生影响，各因素均具有其最适作用范围。这些因素共同解释了水体中碱性磷酸酶活性的变化机理，验证了原位实验中对酶活变化特征的推断。

第 6 章　藻类生长影响单因素验证研究

6.1 引　言

上一章研究了各藻华相关指标的变化、磷素种类的不同对针杆藻培养中水体碱性磷酸酶活性的影响机理，本章将基于上一章基础，分析藻华相关指标的梯度变化、不同形态磷素对藻密度的影响，并通过无磷培养研究藻密度及碱性磷酸酶活性随培养时间的变化规律。根据各样本藻密度的变化规律，结合碱性磷酸酶活性，研究在不同培养条件下水体 APA 对藻密度的影响规律。

6.2 培养环境设置

6.2.1 培养基配置

本书针对针杆藻及铜绿微囊藻所采用培养基分别为改进版 AGP 培养基和 BG11 培养基。根据具体实验需求，部分成分进行了微调。AGP 培养基成分如表 5.1 所示，BG11 培养基成分如表 6.1 所示。

表 6.1　改进版 BG11 培养基成分及配比

BG11 培养基	
成分	每 L 含量
$NaNO_3$	1 500 mg
K_2HPO_4	40 mg
$MgSO_4 \cdot 7H_2O$	75 mg
$CaCl_2 \cdot 2H_2O$	36 mg
$EDTANa_2$	1 mg
A5	1 mL
Na_2CO_3	20 mg
Citric acid	6 mg
Ferric ammonium citrate	6 mg

培养基在 120 °C 高温条件下杀菌 30 min 后用于藻类培养；培养条件为 12 h：12 h 光暗比，2 200 lux 光照，25 °C；藻种选用对数期藻种进行接种。

6.2.2　磷素及常规环境指标对藻密度的影响实验

本实验过程参照第 5 章中 5.3.2 及 5.3.3 节所述方法，藻密度的测定通过显微镜及细胞计数板进行，在接种后的 1 ~ 15 天中每天同一时间测定样本藻密度。

6.2.3　无磷培养对藻密度及 APA 影响

本实验以 KCl 代替 K_2HPO_4 配置无磷培养基，以铜绿微囊藻作为对照样本，研究无磷培养对针杆藻生长及其碱性磷酸酶分泌的影响。分别接种对数期针杆藻和铜绿微囊藻于各自无磷培养基中，初始藻密度设定为 1.5×10^5 cells/mL，藻液体积为 400 mL，每个组别分别做三个平行样。在接种后的 1 ~ 15 天测定藻密度，在 1、3、5、7、9、11、13、15 天测定样本 APA、胞内总磷及胞外总磷含量。其中胞内、胞外磷分别取藻液离心后的藻及上清液测定。

6.3　磷素对藻生长影响及机理研究

6.3.1　藻类对不同磷源的利用能力研究

如图 6.1 所示，不同磷源均能促进针杆藻的生长。接种初期藻密度略有下降，而后开始快速上升，表明藻类初期藻类仍处在适应期。在培养一周后，针杆藻的增殖速度出现明显放缓，这表明藻类的生长逐渐进入稳定器。从不同磷源藻生长曲线的对比情况来看，正磷酸盐是最易被藻类利用的磷形态。同时，四种有机物对藻类生长的促进作用存在显著差异，藻类对不同有机物的利用能力依次为 ATP > GP > G6P > LEC。以上藻类对磷素的吸收利用特性表明：藻类对水体中的主要有机磷类别均能有效利用；从 GP 和 LEC 组别的对比情况来看，其对各有机磷的利用能力在很大程度上取决于该类分子的分子量大小，而非有机磷的种类。

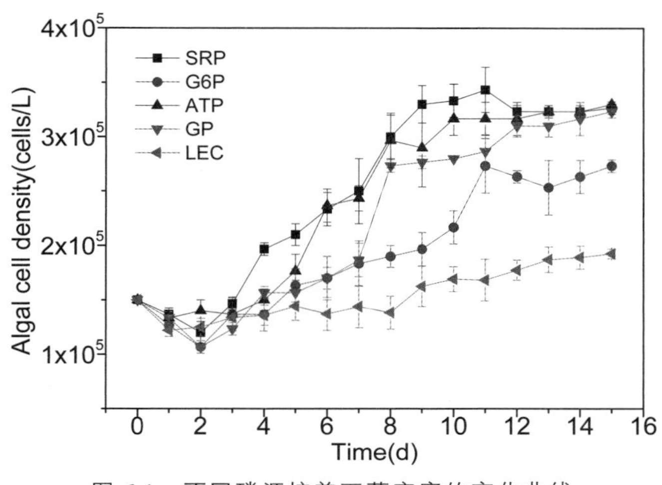

图 6.1　不同磷源培养下藻密度的变化曲线

6.3.2　有机磷浓度对藻类生长影响

如图 6.2 所示，不同浓度的初始有机磷对于藻类生长的促进作用并无显著性差异（$P > 0.05$），这表明这五种有机磷浓度均能满足针杆藻在培养期间的磷素需求。同时从图中也可得出结论，即 4.5 mg/L 和 10 mg/L 的有机磷浓度并不会抑制藻类的生长，与上一章中对初始有机磷与 APA 关系的讨论联系起来，证明了 4.5 mg/L 与 10 mg/L 这两组样品培养中 APA 的下降的主要原因是：环境磷素过多，而非藻生长受抑制。

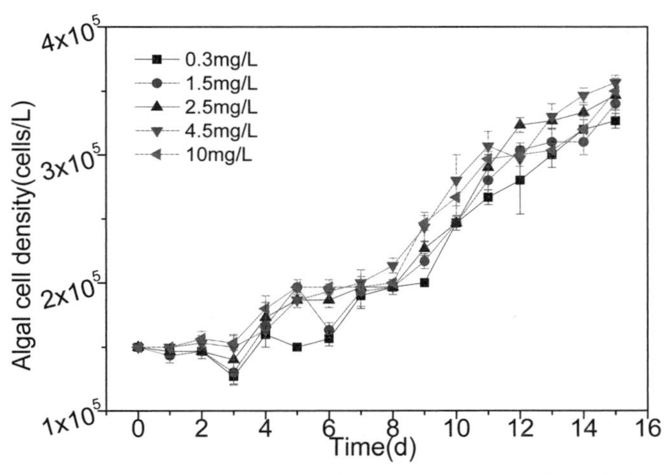

图 6.2　不同初始有机磷浓度培养下藻密度的变化曲线

此外，从图中可得培养期内藻类仍处于对数期，而不同初始磷浓度对最终藻密度的影响需在稳定期期间才趋于明显，因此有待进一步研究。

6.4 常规环境指标对藻类生长影响

6.4.1 水温对藻类生长影响

如图 6.3 所示，不同温度条件下针杆藻的细胞密度具有显著性差异（$P<0.05$）。20 ~ 25 °C 为针杆藻的最适生长温度，而过高或过低均会影响其生长。结合蓝藻最适温度的相关研究，可以发现以针杆藻为代表的硅藻与蓝藻之间的最适温度具有显著差异，蓝藻有比其他浮游植物更高的最适温度[195]，例如微囊藻会在高于 25 °C 的环境中大量生长[196]。蓝藻一般的最佳生长时期为 5 月 ~ 10 月，而有研究表明微囊藻在 28 ~ 32 °C 时生长速率最大，且在 35 °C 条件仍能快速增长[197]，因此其藻华多见于夏季温度较高时。与此对应，针杆藻更适宜在低于 25 °C 的温度条件下生长。因此，嘉陵江主城段水体中春季藻华的爆发大多以硅藻为主，而水温是春季硅藻爆发的重要影响因素。

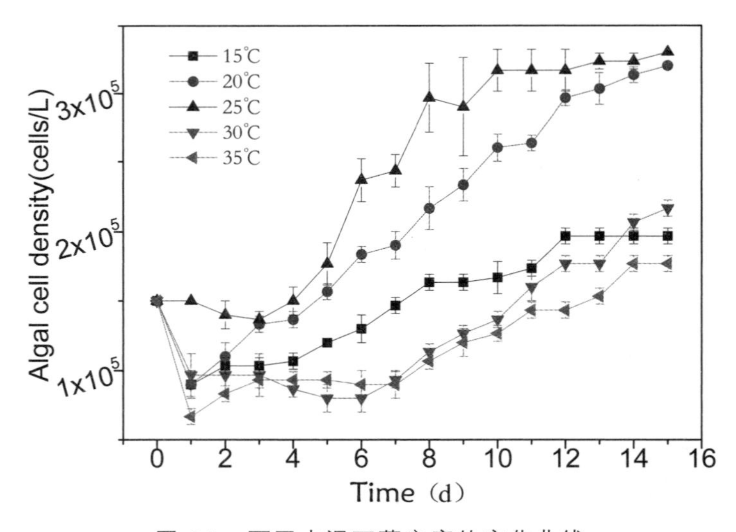

图 6.3　不同水温下藻密度的变化曲线

6.4.2 pH 对藻类生长影响

如图 6.4 所示为五个不同 pH 梯度下针杆藻藻密度的变化趋势。接种第一天后五个组别藻密度均出现了下降趋势，而其中 pH = 6.5、pH = 7.5 两个组别的藻密度下降程度较大。一方面这说明藻类尚在适应环境 pH，另一方面表明 pH 偏低将不利于藻类的生长。随着培养的进行，五个组别的藻密度之间逐渐无显著差异。有研究表明，藻类的生长会对环境 pH 造成一定影响，只要最初 pH 未对藻类形成致命伤害，藻类便能通过光合作用释放代谢产物，逐步将环境 pH 变为弱碱性，从而形成适宜藻类生长的 pH 环境[198]。这可较好地解释了图 6.4 中藻类的生长曲线，也印证了原位实验中藻类与环境 pH 间的关系。培养期结束后对培养基 pH 的测定表明，五个组别的 pH 依次为 8.6、8.9、9.2、9.8、10.7，这也印证了上述推断。

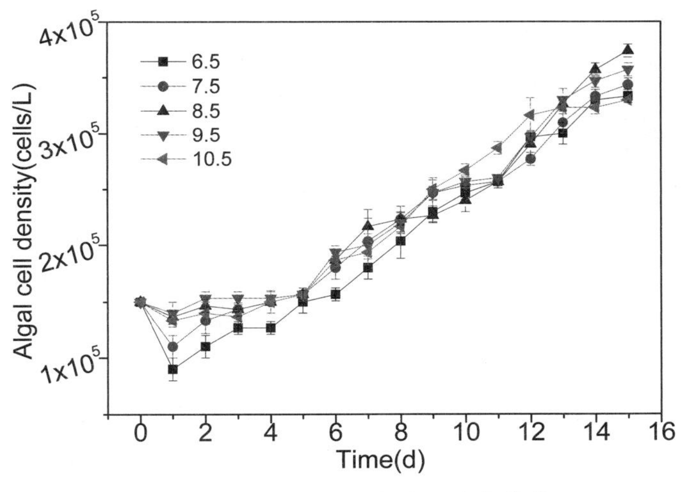

图 6.4　不同 pH 下藻密度的变化曲线

6.4.3　流速对藻类生长影响

如图 6.5 所示，不同流速对针杆藻的藻密度具有明显的影响。可以看到静水培养中藻密度的增长要远高于其他组别，而在扰动状态下，0.22 m/s、0.3 mg/s 组别藻密度要高于其他两个组别。静水组与扰动组的对比表明，在一定的流速下藻类将不可避免地受到物理损伤，会对藻类生长产生一定影响。而从不同流速组别的藻密度对比情况来看，一定程度的扰动有利于藻类的生长，这与原位水样实验结果一致。此外，由于硅藻具备硅壳，这使得其在流速较高的情况下相对其他藻能更好地保护自身，从而减少所受物理伤害。相关研究表明，较快水流中硅藻易成为优势种，较慢水流中毛枝藻、鞘藻、黄丝藻、微囊藻等其他藻种易成为优势种[199, 200]。这也较好地解释了嘉陵江水体藻华以硅藻为主的特点。

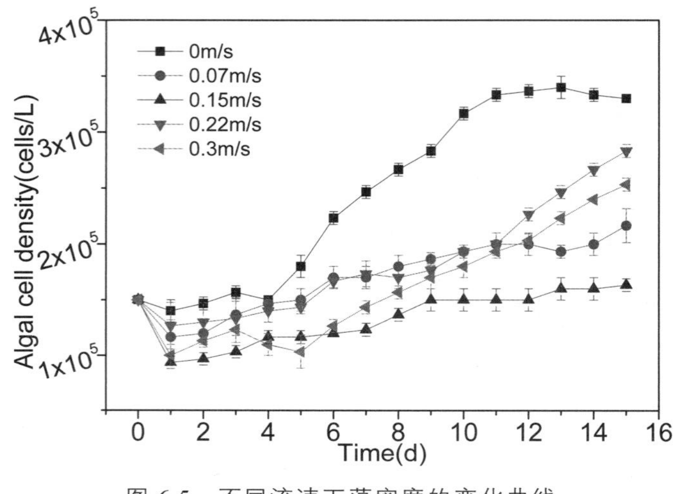

图 6.5　不同流速下藻密度的变化曲线

6.4.4　锌离子对藻类生长影响

在嘉陵江原位水体中 Zn^{2+}浓度与藻密度呈中度正相关，而在图 6.6 中的实验室培养中，藻密度随着 Zn^{2+}浓度的增加，也呈现增加的趋势。不同 Zn^{2+}浓度的培养基对于藻类生长的影响并无显著性差异。常规培养基中 Zn^{2+}的浓度高达 50 mg/L，这远超本实验中所设 Zn^{2+}浓度值与实际嘉陵江原位水体中的 Zn^{2+}浓度，然而其并未抑制藻类的生长。这表明藻类所能承受的 Zn^{2+}浓度范围较宽，且不同 Zn^{2+}浓度对藻类的生长影响相差不大。然而，在无 Zn^{2+}培养组别中可发现，藻密度要相对其他组别更低，这在一定程度上表明，虽然不同浓度的 Zn^{2+}对藻类生长的影响作用无显著区别，但 Zn^{2+}的缺乏仍会严重影响藻类生长。以上研究结果与胡晗华等对海洋赤潮藻种微小原甲藻与 Zn^{2+}之间的关系研究所得结果相似，即虽然在一定浓度范围内 Zn^{2+}对藻类生长影响相差不大，但在其浓度低于某一最低阈值时，将会制约藻类的生长，因此一定浓度的 Zn^{2+}是藻类爆发性增殖中不可或缺的因素之一[201]。

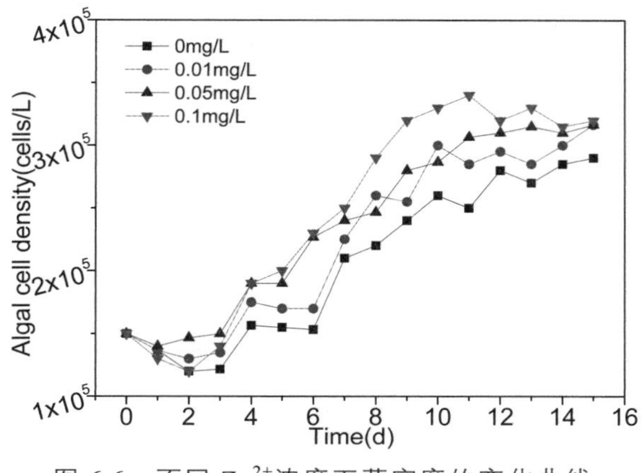

图 6.6　不同 Zn^{2+}浓度下藻密度的变化曲线

6.4.5　N/P 对藻类生长影响

水体 N/P 比常用于判断水体是否适合藻类生长，当 N/P 小于 22，同时 TP 大于 0.02 mg/L 时，水体被认为极易诱发藻华[155]。实际上藻类有机质的 N/P 比为 6∶1[188]，而嘉陵江主城段水体全年 N/P 比变化范围为 7.14 ~ 24.70。基于此，设置了五个不同的 N/P 比组别，如图 6.7 所示，在不同氮磷比条件下，针杆藻的细胞密度有显著性差异（$P<0.05$）。其中 N/P 比 20∶1 组生长状况最好，而 5∶1 组、50∶1 组生长速率要相对 20∶1 组稍慢。总体来说这三组在接种后即进入对数增长期，第 11 ~ 12 天进入稳定期，最大藻种密度相当。而 1∶1 和 100∶1 试验组藻密度生长情况较差，其最大藻密度均远低于前三组，并且在较短时间内进入稳定期，因此过大或过小的 N/P 均不利于藻类生长。

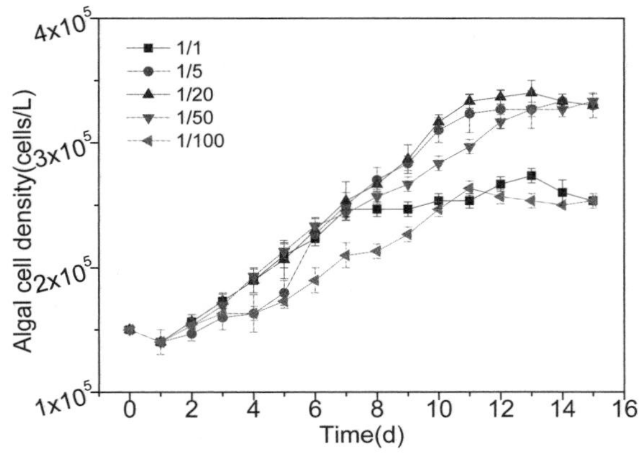

图 6.7　不同 N/P 比下藻密度的变化曲线

6.5 藻类的低磷胁迫现象

6.5.1 无磷培养基对藻类生长影响

如图 6.8 所示，无磷情况下铜绿微囊藻藻密度随着培养的进行呈逐渐下降的趋势，而针杆藻的生长同样受到影响，其在培养期间藻密度相对接种密度略有下降，这印证了磷素在藻类生长中的重要性。同时，两种藻类藻密度的变化对比表明，针杆藻相对铜绿微囊藻对于低磷及无磷情况有较好的耐受力，这主要是由于针杆藻细胞相对铜绿微囊藻体积更大，胞内储存的磷素较多，在无磷情况下能够更久地维持细胞与磷素相关的基本代谢[202]；藻类的营养盐耐受性特点决定了其能否适应营养盐缺乏环境，从而决定了其能否成为藻华优势藻种[203]。从二者的碱性磷酸酶活性对比情况来看，两条酶活曲线也呈现出不同的特点。针杆藻组别中 APA 呈现先上升后下降的趋势，主要是由于培养基中磷素的缺乏诱导细胞分泌更多碱性磷酸酶，即低磷胁迫现象，从而使得酶活性上升；而后由于藻密度出现下降，使得细胞能够分泌的碱性磷酸酶减少，导致酶活性出现下降趋势。对于铜绿微囊藻组别中 APA 的持续下降的现象，可以通过其藻密度的迅速下降来解释。藻细胞的凋亡使得碱性磷酸酶分泌持续减少，且其效果要大于低磷胁迫所带来的诱导作用，因此 APA 在培养期间持续下降。

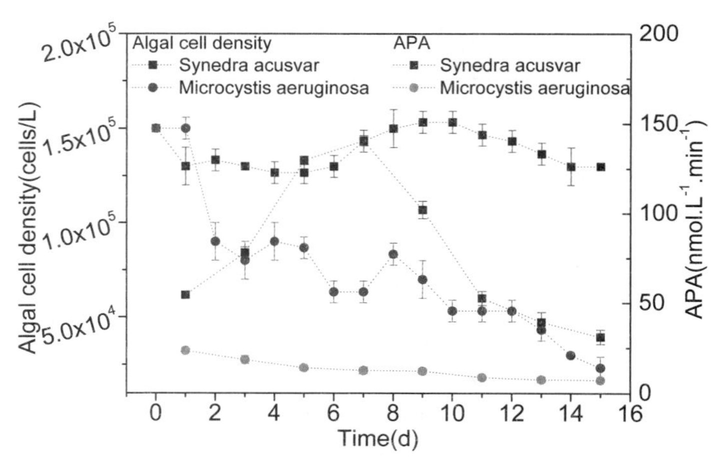

图 6.8 无磷条件下不同藻种藻密度及碱性磷酸酶活性的变化曲线

6.5.2 低磷胁迫下胞内外磷素变化特征

如图 6.9 所示，针杆藻的胞内磷要远高于铜绿微囊藻的胞内磷，这也较好地解释了针杆藻在无磷培养下的耐受力。总体来看，胞内磷呈现先缓慢上升后下降的趋势，而胞外磷呈现迅速下降后缓慢回升的趋势。在接种初期，附着于胞外的少量磷素迅速被藻类吸收，使得胞内、胞外磷呈现相关变化趋势。随着培养的进行，大量藻细胞的凋亡使得胞内磷素逐渐被释放到培养基中，这使得胞外磷逐步回升。而铜绿微囊藻组别中胞外磷的上升幅度较针杆藻组别大，这也从另一个方面解释了其耐受力相对于针杆藻较小。

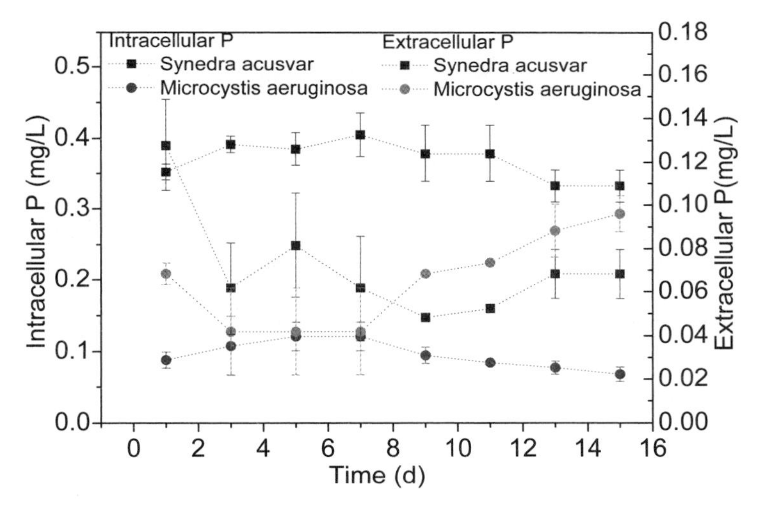

图 6.9　低磷胁迫下胞内磷及胞外磷的变化曲线

6.6 APA 活性对藻生长影响及分析

如表 6.2 所示，除 15 °C 组别外，不同温度下碱性磷酸酶活性与藻密度之间存在高度正相关关系，且相关性显著。不同温度下，APA 与藻密度之间的关系式如表中所示，从 *x* 项系数来看，可以看出 APA 的变化对藻密度的影响敏感度大小依次为 25 °C 组 > 20 °C 组 > 30 °C 组 > 35 °C 组。15 °C 组别线性拟合结果的 R^2 较低，二次拟合结果显示藻密度随 APA 的增加先降低再上升，此现象与理论不符，由于相关系数不显著，此拟合结果仅列出作为参考。其他组别均可作为不同温度下 APA 与藻密度关系的依据。

表 6.2　不同水温下 APA 与藻密度间的相关性及关系

Cell-APA	相关系数	关系式（y：cell；x：APA）	R^2
15 °C	−0.349	$y=4.15\times10^6-1.98\times10^5x+2.42\times10^3x^2$	0.375
20 °C	0.952**	$y=-2.82\times10^4+4.16\times10^3x$	0.757
25 °C	1.000**	$y=-5.64\times10^4+5.01\times10^3x$	0.937
30 °C	0.802*	$y=-5.87\times10^4+2.92\times10^3x$	0.795
35 °C	0.916**	$y=-9.14\times10^3+1.77\times10^3x$	0.804

**. 在置信度（双测）为 0.01 时，相关性是显著的。

*. 在置信度（双测）为 0.05 时，相关性是显著的。

如表 6.3 所示，所有 pH 组别下碱性磷酸酶活性与藻密度之间均存在高度正相关关系，且相关性显著。不同 pH 下 APA 与藻密度之间的关系式如表所示，从 x 项系数来看，可以看出 APA 的变化对藻密度的影响敏感度大小依次为 pH = 9.5 组 > pH = 7.5 组 > pH = 8.5 组 > pH = 10.5 组 > pH = 6.5 组。各组别 R^2 均较高，此结果可作为不同 pH 下 APA 与藻密度间关系的依据。

表 6.3　不同 pH 下 APA 与藻密度间的相关性及关系

Cell-APA	相关系数	关系式	R^2
6.5	0.976**	$y=4.73\times10^4+2.97\times10^3x$	0.884
7.5	0.952**	$y=1.21\times10^4+5.15\times10^3x$	0.834
8.5	0.976**	$y=1.35\times10^4+4.42\times10^3x$	0.893
9.5	0.934**	$y=-1.29\times10^5+6.81\times10^3x$	0.888
10.5	0.905**	$y=-2.75\times10^4+4.03\times10^3x$	0.859

**. 在置信度（双测）为 0.01 时，相关性是显著的。

*. 在置信度（双测）为 0.05 时，相关性是显著的。

如表 6.4 所示，四个不同流速组别下碱性磷酸酶活性与藻密度之间均存在高度正相关关系，且相关性显著，而静水培养中 APA 虽与藻密度呈中度正相关，然而相关性并不显著。不同流速下，APA 与藻密度之间的关系式如表所示，从 x 项系数来看，APA 的变化对藻密度的影响敏感度大小依次为 0.30 m/s 组 > 0 m/s 组 > 0.22 m/s 组 > 0.07 m/s 组 > 0.15 m/s 组。各组别 R^2 均较高，此结果可作为不同流速下 APA 与藻密度间关系的依据。

表 6.4　不同流速下 APA 与藻密度间的相关性及关系

Cell-APA	相关系数	关系式	R^2
0 m/s	0.683	$y = -3.25 \times 10^4 + 5.34 \times 10^3 x$	0.540
0.07 m/s	0.934**	$y = 5.33 \times 10^4 + 2.54 \times 10^3 x$	0.721
0.15 m/s	1.000**	$y = 4.17 \times 10^4 + 1.97 \times 10^3 x$	0.913
0.22 m/s	0.970**	$y = -3.65 \times 10^5 + 5.24 \times 10^3 x$	0.827
0.30 m/s	0.898**	$y = -1.18 \times 10^5 + 7.04 \times 10^3 x$	0.807

**. 在置信度（双测）为 0.01 时，相关性是显著的。

*. 在置信度（双测）为 0.05 时，相关性是显著的。

如表 6.5 所示，0 mg/L、0.01 mg/L、0.05 mg/L Zn^{2+}浓度组别下，碱性磷酸酶活性与藻密度之间均存在高度正相关关系，且相关性显著，而 0.1 mg/L 组别下，APA 虽与藻密度呈中度正相关，然而其相关性并不显著。不同 Zn^{2+}浓度组别下，APA 与藻密度之间的关系式如表所示，从 x 项系数来看，APA 的变化对藻密度的影响敏感度大小依次为 0.01 mg/L 组 > 0.1 mg/L 组 > 0 mg/L 组 > 0.05 mg/L 组。各组别 R^2 均较高，此结果可作为不同 Zn^{2+}浓度下 APA 与藻密度间关系的依据。

表 6.5　不同锌离子浓度下 APA 与藻密度间的相关性及关系

Cell-APA	相关系数	关系式	R^2
0 mg/L	0.762*	$y = 8.96 \times 10^2 + 6.63 \times 10^3 x$	0.424
0.01 mg/L	0.867**	$y = -1.14 \times 10^5 + 8.53 \times 10^3 x$	0.812
0.05 mg/L	0.833*	$y = -2.96 \times 10^4 + 6.51 \times 10^3 x$	0.717
0.1 mg/L	0.695	$y = -2.73 \times 10^4 + 6.77 \times 10^3 x$	0.522

**. 在置信度（双测）为 0.01 时，相关性是显著的。

*. 在置信度（双测）为 0.05 时，相关性是显著的。

如表 6.6 所示，初始有机磷浓度 0.3 mg/L 与 1.5 mg/L 组别下，碱性磷酸酶活性与藻密度之间均存在高度正相关关系，且相关性显著；2.5 mg/L 组别中，APA 与藻密度呈中度正相关，10 mg/L 组别中呈中度负相关，4.5 mg/L 两者不相关，这三组相关性均不显著。不同流速下 APA 与藻密度之间的关系式如表所示，2.5 mg/L 组别 R^2 较低，APA 与藻密度呈二次关系，4.5 mg/L 组别两者间无法拟合。其他三组从 x 项系数来看，APA 的变化对藻密度的影响敏感度大小依次为 10 mg/L 组 > 1.5 mg/L 组 > 0.3 mg/L 组。1.5 mg/L、

0.3 mg/L 组别 R^2 均较高，可作为不同有机磷浓度下 APA 与藻密度间关系的依据，10 mg/L 组别 R^2 较低，因此仅做参考。

表 6.6　不同有机磷浓度下 APA 与藻密度间的相关性及关系

Cell-APA	相关系数	关系式	R^2
0.3 mg/L	0.958**	$y=-2.96\times10^4+5.75\times10^3x$	0.878
1.5 mg/L	0.762*	$y=-1.27\times10^4+6.05\times10^3x$	0.659
2.5 mg/L	0.542	$y=-8.58\times10^5+5.83\times10^4x-7.27\times10^2x^2$	0.266
4.5 mg/L	0.018	—	—
10 mg/L	−0.536	$y=4.08\times10^5-8.17\times10^3x$	0.398

**. 在置信度（双测）为 0.01 时，相关性是显著的。
*. 在置信度（双测）为 0.05 时，相关性是显著的。

如表 6.7 所示，不同磷素组别下碱性磷酸酶活性与藻密度之间均存在高度正相关关系，且相关性显著。不同磷源下 APA 与藻密度之间的关系式如表所示，从 x 项系数来看，APA 的变化对藻密度的影响敏感度大小依次为 G6P 组 > GP 组 > ATP 组 > LEC 组 > SRP 组。各组别 R^2 均较高，此结果可作为不同磷源下 APA 与藻密度间关系的依据。

表 6.7　不同磷素下 APA 与藻密度间的相关性及关系

Cell-APA	相关系数	关系式	R^2
SRP	0.810*	$y=5.41\times10^4+3.92\times10^3x$	0.844
G6P	0.766*	$y=-6.54\times10^4+5.63\times10^3x$	0.627
ATP	0.976**	$y=-6.53\times10^4+5.11\times10^3x$	0.933
GP	0.905**	$y=-8.68\times10^4+5.61\times10^3x$	0.860
LEC	0.833**	$y=-1.94\times10^4+4.40\times10^3x$	0.827

**. 在置信度（双测）为 0.01 时，相关性是显著的。
*. 在置信度（双测）为 0.05 时，相关性是显著的。

如表 6.8 所示，1/1 组别下碱性磷酸酶活性与藻密度之间均存在中度负相关关系，100/1 组别两者呈低度负相关，5/1、20/1 组别下二者呈中度正相关关系，50/1 组别下二者呈低度正相关，所有组别的相关性均不显著。不同 N/P 比下，APA 与藻密度之间的关系式如表所示，从 x 项系数来看，APA 的变化对藻密度的影响敏感度大小依次为 5/1 组 > 20/1 组 > 1/1 组。各组别 R^2 大小均中等或较低，此结果仅作参考。

表 6.8　不同 N/P 下 APA 与藻密度间的相关性及关系

Cell-APA	相关系数	关系式	R^2
1/1	−0.663	$y=3.62\times10^5-3.15\times10^3x$	0.300
5/1	0.500	$y=-8.35\times10^4+6.43\times10^3x$	0.257
20/1	0.683	$y=3.88\times10^4+4.17\times10^3x$	0.459
50/1	0.323	$y=-1.01\times10^6+5.59\times10^4x-5.99\times10^2x^2$	0.530
100/1	−0.205	$y=-8.52\times10^5+4.79\times10^4x-5.25\times10^2x^2$	0.536

**. 在置信度（双测）为 0.01 时，相关性是显著的。
*. 在置信度（双测）为 0.05 时，相关性是显著的。

如表 6.9 所示，无磷培养下针杆藻组别中 APA 与藻密度无相关性，且二者无法拟合。铜绿微囊藻组别下，APA 雨藻密度显著正相关，且二者之间关系式如表中所示，R^2 较高，可作为无磷培养下，APA 大小与铜绿微囊藻藻密度之间关系的依据。

表 6.9　无磷培养下 APA 与藻密度间的相关性及关系

Cell-APA	相关系数	关系式	R^2
针杆藻	0.049	—	—
铜绿微囊藻	0.964**	$y=-1.05\times10^4+6.41\times10^3x$	0.889

**. 在置信度（双测）为 0.01 时，相关性是显著的。
*. 在置信度（双测）为 0.05 时，相关性是显著的。

综上所述，通过在原位调查基础上的进一步单因素实验，发现在不同的培养条件下，APA 大小与藻密度之间基本呈线性正相关关系，个别组别存在二次相关关系，这表明随着藻密度的上升，碱性磷酸酶活性将会相应上升。反之碱性磷酸酶活性的上升将会促进有机磷的分解，从而为藻类生长提供更多的无机磷，促进藻类生长。在大多数情况下，APA 与藻密度间相关性较好，符合原位水样中酶活性与藻密度间的响应规律，印证了原位水样中酶活性与藻密度之间的正相关关系，这表明碱性磷酸酶活性对于藻密度的变化具有较好的指示性，在藻华早期预警中具有一定应用潜力。

6.7　本章小结

本章主要在原位研究基础上，对影响藻类生长的主要因素与藻类之间的关系进行了深入探讨，在各环境因素原位变化阈值范围内，分析了在嘉陵江主城段水华藻种针杆藻对不同磷形态、不同有机磷初始浓度、水温、pH、流速、Zn^{2+}浓度、N/P 等因素的响应机理，并研究了在无磷培养时出现的“缺磷胁迫”现象；同时，针对不同培养条件下 APA 与藻密度之间的关系进行了探讨。主要结论如下：

（1）不同磷源均能促进针杆藻生长，其对磷源的利用能力依次为 SRP > ATP > GP > G6P > LEC，各磷源所对应的藻密度大小与其磷源利用能力一致。在 0.3 mg/L 至 10 mg/L 范围内，不同浓度的有机磷均能促进藻细胞的生长，各组藻密度并无显著差异。

（2）针杆藻的最适生长温度为 20 ~ 25 °C，温度过高或过低均不利于藻类的生长，而对应 APA 的最适温度要高于这个范围。弱碱性水体有利于藻类的生长，不同初始 pH 对藻类生长的影响仅体现在接种初期，8.5 ~ 9.5 为藻类的最适生长 pH，pH 过高或过低将会影响藻类的生长；由于藻类通过代谢能够逐步提高环境 pH，因此在培养末期各样本均呈弱碱性，且藻密度无显著性差异。不同水力条件会对藻类生长产生影响，静水相对于流动水体更有利于藻类生长，同时一定程度的扰动有利于藻类的生长。在 0 ~ 0.1 mg/L 的 Zn^{2+}浓度范围内，Zn^{2+}浓度的上升能够促进藻密度的增加，Zn^{2+}的缺乏将会抑制藻类的生长。不同 N/P 比对藻类生长的影响不同，最适的 N/P 比为 5：1 ~ 50：1 之间，过高或过低的 N/P 不利于藻类的生长。

（3）在无磷培养下针杆藻和铜绿微囊藻的生长均受到抑制，其中由于针杆藻胞内磷的储存量要高于铜绿微囊藻，因此针杆藻对于无磷条件的耐受性要高于铜绿微囊藻。无磷培养初期，由于低磷胁迫的原因，针杆藻样本中水体 APA 会出现一定程度的上升趋势；然而随着培养的进行，由于细胞大量死亡，藻细胞所分泌的碱性磷酸酶总量将会显著降低，使得水体碱性磷酸酶活性逐步下降；对于铜绿微囊藻来说，碱性磷酸酶活性的下降贯穿整个培养期。此外，培养基水体中胞外磷呈现迅速下降后缓慢回升的走势，而胞内磷则呈现先上升后下降的特点，这与细胞大量死亡所造成的胞内磷释放有关。

（4）在不同培养条件下，水体碱性磷酸酶活性与藻密度基本呈线性正相关关系，只有不同 N/P 比下 APA 与藻密度无显著相关，同时一些指标的个别样本中 APA 与藻密度的相关性较低，表明 APA 与藻密度在某个因素上的最适范围存在一定差异。

上述结果表明，水体中藻类生长主要受到营养盐的影响，而除营养盐浓度外，营养盐的形态也是影响藻类生长的重要因素。有机态磷素是除无机磷外藻类的重要磷源，而碱性磷酸酶是藻类利用有机磷补充磷源的重要物质，因此碱性磷酸酶活性可通过控制有机磷的利用从而影响藻类的生长。除营养盐与碱性磷酸酶活性外，水温、水体 pH、碱性磷酸酶辅基 Zn^{2+}浓度以及 N/P 比也能对藻类生长产生影响，各参数均存在藻类生长的最适范围。此外不同藻类对营养盐的利用能力及对无磷条件的耐受性具有显著区别，这与藻类的碱性磷酸酶分泌特性以及胞内磷贮存特性相关。

第 7 章　嘉陵江消落带形成机制总结

7.1　主要结论

三峡大坝自建成蓄水后，其导致的水环境变化及带来的相应环境问题一直是人们关注的热点，特别是三峡库区次级河流的藻华问题，引起了人们的高度重视。基于此，本书通过在 2013 年 11 月至 2014 年 10 月份对嘉陵江主城段水体的密集采样调查，得到了嘉陵江主城段消落带水体各主要环境指标、营养盐指标、酶活性指标及藻密度的变化规律，并研究了水体酶活性及藻类生长的影响因素及变化机理。同时通过实验室模拟对酶活性、藻密度与各自主要影响因素之间的关系进行了验证。主要结论如下：

1. 嘉陵江主城段消落带水体各环境指标变化规律及机理

受三峡库区蓄水水位影响及降雨量影响，汛期 V 高于消落期和蓄水期，V 与蓄水水位呈高度负相关。受环境温度影响，水温与同期气温成正比。在水温的主要影响下，夏季水体 DO 显著低于其他时期，DO 与 T 呈高度负相关。在水体污染、水生生物及水温等因素的共同影响下，蓄水期 pH 略低于其他时期，pH 与 T、COD_{Mn} 呈中度正相关。水体 SD 与流速成反比，在高流速下汛期 SD 远低于其他时期，SD 与 V 呈中度负相关，与 Chla 呈低度负相关。水体 COD_{Mn} 能够在一定程度上代表水污染情况，其汛期 COD_{Mn} 高于消落期，消落期 COD_{Mn} 高于蓄水期，COD_{Mn} 与 V 呈中度正相关。水体 Zn^{2+}、Mg^{2+}、Fe^{3+} 三种金属离子浓度在全年表现出相同的变化规律，消落期各金属离子含量显著高于其他时期。此外，消落期水体 Chla 含量显著高于其他时期，Chla 与 V 呈中度正相关，与 pH 呈高度正相关，与 Mg^{2+}、Fe^{3+} 浓度低度正相关。

嘉陵江主城段水体碳素分为四种基本形态，各形态碳素占比依次为 DIC > PIC > DOC > POC，所占比例分别为 67.3%、18.9%、9.5%、3.4%。各碳素浓度受到流量和流速的直接影响，流速带来的冲刷效应可补充水体碳素，而流量增大会对水体碳素形成稀释效应。在冲刷效应与稀释效应的共同影响下，嘉陵江主城段水体 TC、TDC、TIC 及 DIC 的全年变化均表现为蓄水期浓度较高、汛期浓度较低的特点，且消落期波动较大；水体 TC、TIC、TDC、

DIC 与 V 均呈高度负相关，TC、TIC 与 CO_2 含量呈中度正相关，TDC、DIC 与 CO_2 呈高度正相关。TOC、TPC、PIC、POC 的变化规律则为汛期较高、蓄水期较低；TOC 与 V 高度正相关，与 Chla 含量、COD_{Mn} 中度正相关，TPC、PIC、POC 与流速呈高度正相关，同时 POC 与 Chla 含量呈中度正相关。DOC 含量在全年不同时期平均值无显著差异。嘉陵江 CO_2 含量与水体 pH 呈高度负相关，蓄水期 CO_2 浓度显著高于汛期，而汛期浓度要略高于消落期；CO_2 浓度与 pH 呈高度负相关，与 T 呈中度负相关。

嘉陵江主城段水体氮素主要以 NO_3^--N 为主，不同氮形态占比依次为 NO_3^--N > NH_4^+-N > NO_2^--N，所占总氮比例分别为 64.8%、14.8%、0.9%。TN 及 NO_3^--N 分布规律相似，二者在蓄水期、消落期、汛期三个时期含量逐渐上升；TN 与 V、COD_{Mn} 呈中度正相关，与 SD 呈中度负相关。NO_2^--N 与 NH_4^+-N 含量的变化规律相似，从蓄水期至汛期含量逐渐降低；NO_2^--N 浓度与 T、V、pH、COD_{Mn} 呈中度负相关，与溶氧呈低度负相关，NH_4^+-N 浓度与 V 呈中度负相关。

嘉陵江主城段不同形态磷素占比依次为 SRP > PP > DOP，所占 TP 比例分别为 42.1%、40.6%、17.3%。TP 与 PP 的分布规律相似，蓄水期至汛期含量均逐渐上升；TP 与 V、COD_{Mn} 呈高度正相关，与 Chla 浓度呈低度正相关，与 SD 呈高度负相关。TDP 与 SRP 变化规律相似，消落期含量均显著低于其他时期，汛期含量略高于蓄水期；TDP、SRP 与 V 呈低度正相关，与 Chla 浓度呈中度负相关，与 COD_{Mn} 呈低度正相关。DOP 在消落期的含量显著高于其他时期，EHP 在全年变化不大，消落期略高于其他时期，占 TP 比例为 13.1%；DOP 与 Chla 浓度呈中度正相关，EHP 与 DOP 呈低度正相关。

2. 嘉陵江主城段消落带水体中各因素对典型酶活性的影响

消落期 CAA 高于汛期 CAA，汛期 CAA 高于蓄水期 CAA，消落期期间 CAA 取得全年最大值。CAA 与 T 低度正相关，与 Zn^{2+}浓度中度正相关，与 pH、Chla 浓度高度正相关，与 DIC 中度负相关，与 CO_2 浓度高度负相关；CAA 与各相关参数间存在如下关系：$CAA = 0.027Chla + 0.052pH - 0.079CO_2 + 1.774Zn^{2+} + 0.592$（$R^2 = 0.803$，$n = 15$）。

消落期 NRA 高于汛期 NRA，汛期 NRA 高于蓄水期 NRA，全年峰值出现在消落期期间。NRA 与 pH、Chla 浓度呈中度正相关，与 NO^{3-}-N 浓度呈低度正相关；NRA 与各相关参数间存在如下关系：$NRA = 0.017Chla + 0.037pH - 0.246Fe^{3+} + 0.111\,NO^{3-} - 0.267$（$R^2 = 0.770$，$n = 15$）。

消落期 APA 高于蓄水期 APA，蓄水期 APA 高于汛期 APA，全年峰值出现在消落期期间。APA 与 pH、Chla 浓度呈中度正相关，与 EHP 呈低度正相关，与 SRP 呈中度负相关，与 Zn^{2+}浓度呈高度正相关，APA 与各相关参数间存在如下关系：$APA = 60.8Zn^{2+} - 8.34EHP + 0.21Chla - 1.3SRP + 0.19pH - 3.02$（$R^2 = 0.821$，$n = 15$）。

3. 嘉陵江主城段消落带水体中各因素对藻类生长的影响

藻密度全年变化范围为 $1.56 \sim 84.81 \times 10^4$ cells/L。消落期藻密度大于汛期，汛期藻密度大于蓄水期，全年峰值出现在消落期期间。嘉陵江主城段水体藻华爆发最低阈值为 2×10^5 Cells/L。藻密度与 V、pH、$C(Zn^{2+})$、PP、DOP、NRA、APA 呈中度正相关，与 C(Chla)、CAA 呈高度正相关关系，与 POC、EHP 呈低度正相关关系，与 $C(CO_2)$呈中度负相关关系，与 TDP、SRP 呈中度负相关；与其他指标间或无相关性，或相关性不显著。水体藻密度计算模型如下：$Cells = -1.262V + 5.152pH + 8.962Zn^{2+} + 9.103Chla + 1.191POC - 4.871CO_2 - 8.336SRP + 5.383EHP + 7.88NRA + 8.948APA + 6.807CAA + 19.6$。藻华易发期藻密度计算模型如下：$Cells = 156.435V - 3.287CO2 - 22.588CAA + 3.516APA + 125.881NRA + 43.916$；藻华易发期藻密度预测（提前两周）模型如下：$Cells = -46.507pH + 37.894CAA - 586.025EHP + 2.237APA + 358.27NRA + 352.778$。

4. 定量条件下各因素对碱性磷酸酶活性的影响

低浓度正磷酸盐及不同有机磷可诱导藻类分泌碱性磷酸酶，磷浓度越低，相应的 APA 越高。针杆藻对不同磷源利用能力大小依次为 SRP > ATP > GP > G6P > LEC，与分子量大小成反比。APA 在 15 °C ~ 35 °C 内随水温上升而增大，在弱碱环境下其大小随 pH 的增加而上升，并随流速的增加呈下降趋势。在 0 ~ 0.1 mg/L 的 Zn^{2+}浓度内，Zn^{2+}可促进碱性磷酸酶活性的表达；另一方面，Zn^{2+}的缺乏会抑制藻类生长。N/P 为 20∶1 时酶活性较高，过高或过低 N/P 会抑制酶活的表达。

5. 定量条件下各因素对藻类生长的影响

针杆藻对磷源的利用能力依次为 SRP > ATP > GP > G6P > LEC，在 0.3 mg/L ~ 10 mg/L 范围内，不同浓度有机磷对藻细胞生长促进作用无显著差异。针杆藻最适生长温度为 20 ~ 25 °C，低于 APA 最适温度。藻类适宜在弱碱环境中生长，同时其可通过代谢改变环境 pH，8.5 ~ 9.5 为针杆藻最适 pH。一定程度的扰动可促进藻类的生长，过高流速抑制藻类生长。Zn^{2+}浓度在 0 ~ 0.1 mg/L 范围内促进藻类生长，而 Zn^{2+}的缺乏会抑制藻类生长。藻类最适 N/P 比为 5∶1 ~ 50∶1，过高或过低将不利于藻类生长。针杆藻对无磷条件的耐受性高于铜绿微囊藻，在无磷培养的初期，由于低磷胁迫 APA 略有上升；无磷培养中后期藻细胞将逐渐死亡，胞内磷素逐渐释放至周围水体，同时分泌的碱性磷酸酶随藻密度的下降而减少，导致酶活性下降。除 N/P 比外，不同培养条件下 APA 与藻密度基本呈线性正相关关系，不同 N/P 比下 APA 与藻密度无显著相关。

7.2 建　议

（1）基于包括嘉陵江主城段在内的大多数原位水体为磷限制水体，本书选择碱性磷酸酶进行深入探讨。然而在水体的某个时期或某些水体中，磷素并非限制性元素，其他元素的含量对于藻类生长的作用相对突出。因此在后续研究中，可通过实验室实验研究在其他元素限制条件下，碳酸酐酶活性、硝酸还原酶活性对于藻类生长的响应及影响，从而进一步更全面地阐明水体酶活性在藻华中的作用机理。

（2）本书所述实验室实验中，主要探讨了嘉陵江藻华典型藻种针杆藻生长与酶活性及其他影响因素间的关系，而原位水体中藻华藻种较多，下一步应当选取多种藻华典型藻种，并就混合藻种培养中酶活性与藻密度的关系进行研究，从而更好地对原位水样中酶活性与藻密度的关系进行模拟与验证。

（3）在原位水体中，大部分酶源自浮游植物的分泌，然而仍有部分酶来自细菌等其他生物。后续研究可从水体酶的来源方面入手，从而更为准确地阐明藻类生长与其碳氮磷利用典型酶之间的关系。

（4）本书基本确定了酶活性与藻类生长间的密切关系，可将此结论及研究过程及方法进一步推广到其他库区次级河流以及其他地区（如高寒地区、热带地区等）水体中，从而为认识不同水体中藻华与其他相关因素的内在联系，为阐明相应水体的藻华形成机制提供支持和帮助。

参考文献

[1] WANG C, HUANG Y, HE S, et al. Variation of phytoplankton community before an induced cyanobacterial(Arthrospira platensis)bloom[J]. Journal of Environmental Sciences. 2009，21（12）：1632-1638.

[2] EL DIN S H S. Effect of the Aswan High Dam on the Nile flood and on the estuarine and coastal circulation pattern along the Mediterranean Egyptian coast[J]. Limnology and Oceanography，1977，22（2）：194-207.

[3] MILLIMAN J D. Bleased dams or damned dams?[J]. Nature，1997，386（6623）：325-327.

[4] KELLY V J. Influence of reservoirs on solute transport：a regional-scale approach[J]. 2001，Hydrological Processes，15（7）：1227-1249.

[5] 尹真真，邓春光，徐静. 三峡水库二期蓄水后次级河流回水河段富营养化调查[J]. 安徽农业科学，2006，34（19）：4998-5000.

[6] PAHL S L，LEWIS D M，CHEN F，et al. Heterotrophic growth and nutritional aspects of the diatom Cyclotella cryptica（Bacillariophyceae）：Effect of some environmental factors[J]. Journal of Bioscience and Bioengineering. 2010，109（3）：235-239.

[7] 李仁全，江华明，王明书. 嘉陵江重庆段指示藻类的组成与多样性指数分析[J]. 绿色科技，2015，11：206-209.

[8] 张晟，郑坚，刘婷婷，等. 三峡水库入库支流水体中营养盐季节变化及输出[J]. 环境科学，2009，30（1）：58-63.

[9] 张磊，蔚建军，付莉，等. 三峡库区回水区营养盐和叶绿素 a 的时空变化及其相互关系[J]. 环境科学，2015，36（6）：2061-2069.

[10] 邱光胜，胡圣，等. 三峡库区支流富营养化及水华现状研究[J]. Resources and Environment in the YangtzeBasin，2011，20（3）：311-316.

[11] FEUILLADE J, FEUILLADE M., BLANC P. Alkaline phosphatase activity fluctuations and associated factors in a eutrophic lake dominated by Oscillatoria rubescens[J]. Hydrobiologia，1990，207：233-240.
[12] 郑穗平，郭勇，潘力. 酶学[M]. 2 版. 北京：科学出版社，2009：56-61.
[13] 王睿喆，王沛芳，任凌霄，等. 营养盐输入对太湖水体中磷形态转化及藻类生长的影响[J]. 环境科学，2015，36（4）：1301-1308.
[14] 钱善勤，孔繁翔，张民，等. 铜绿微囊藻和蛋白核小球藻对不同形态有机磷的利用及其生长[J]. 湖泊科学，2010，22（3）：411-415.
[15] 赵艳芳，俞志明，宋秀贤，等. 不同磷源形态对中肋骨条藻和东海原甲藻生长及磷酸酶活性的影响[J]. 环境科学. 2009，30（3）：693-699.
[16] 庞勇，聂瑞，吕颂辉. 不同磷源对米氏凯伦藻生长和碱性磷酸酶活性的影响[J]. 海洋科学，2016，40（4）：59-64.
[17] 任春平. 重庆主城江段特征水域水体富营养化原位观测研究[D]. 重庆：西南大学，2010.
[18] OCED. Eutrophication of waters monitoring. Assessment and control[R]. Paris，OCED Publication，1982.
[19] JULIO A C，ALVARO A，MARCOS P. EUTROPHICATION DOWNSTREAM FROM SMALL reservoirs in mountain rivers of Central Spain[J]. Water research，2005，39：3376-3384.
[20] OECD. Eutrophication of Waters, Monitoring, Assessment and Control[R]. Paris Organization for Economic Co-Operation and Development，2008.
[21] H KENNETH H. The state of U. S. freshwater harmful algal blooms assessments, policy and legislation[J]. Toxicon, 2010, 55(5): 1024-1034.
[22] DAI QY，JIANG X C，Wang YB，et al. Ecoengeering simulationon pollutant contral in river courses of Taihu Lake[J]. Chin J Appl Ecol，1995，6（2）：201-205.
[23] CHORUS I，BARTRAM J. Toxic cyanobacteria in water：A guide to their public health consequences，monitoring and management[M]. Geneva：Water Health Organization，1999.

[24] SMITH V H. Eutrophication of freshwater and coastal marine ecosystems-A global problem[J]. Environmental Science and Pollution Research，2003，10（2）：126-139.

[25] NYENJE P M，FOPPEN J W，UHLENBROOK S，et al. Eutrophication and nutrient release in urban areas of sub-Saharan Africa-A review[J]. Science of the Total Environment，2010，408：447-455.

[26] JOSE ROMERO，IPHIGENIA KAGALOUS，et al. Seasonal water quality of shallow and eutrophic Lake Pamvotis，Greece：implications for restoration[J]. Hydrobiologia，2002，474：91-105.

[27] H. LUNG’AYIA，L. SITOKI&M. Kenyanya. The nutrient enrichment of Lake Vietoria（Kenyan waters）[J]. Hydrobiologia，2001，458：75-82.

[28] T. ZOHAR，T. FISHBEIN，B. KAPLAN&U. Pollingher. Phytoplankton-metaphyton seasonal dynamics in a newly-created subtropical wetland lake[J]. Wetlands Eeology and Management，1998，6：133-142.

[29] 陈能汪，章颖瑶，李延风. 我国淡水藻华长期变动特征综合分析[J]. 生态环境学报，2010，19（8）：1994-1998.

[30] 陈汉辉. 澳大利亚水华的控制和管理[J]. 环境导报，1995，5：32-33.

[31] 姜彤. 莱茵河流域水环境管理的经验对长江中下游综合治理的启示[J]. 水资源保护，2002，3：45-50.

[32] 胡正峰. 加拿大格兰德河水体磷素形态转化及水生生物对磷素吸收释放研究[D]. 重庆：西南大学，2013.

[33] 王圣瑞，郑丙辉，金相灿，等. 全国重点湖泊生态安全状况及其保障对策[J]. 环境保护，2014，04：39-42.

[34] 环保部. 2014 年中国环境状况公报[EB/OL]. 2015-06-05，http：//jcs. mep. gov. cn/hjzl/zkgb/2014zkgb/201506/t20150605_303011. htm .

[35] 殷大聪，郑凌凌，宋立荣. 汉江中下游早春冠盘藻水华暴发过程及其成因初探[J]. 长江流域资源与环境，2011，20（4）：451-458.

[36] 王朝晖，胡韧，谷阳光，等. 珠江广州河段着生藻类的群落结构及其与水质的关系[J]. 环境科学学报，2009，29（7）：1510-1516.

[37] 聂智凌. 长三角小城镇河流富营养化及其生物修复[D]. 上海：华东师范大学，2006.

[38] 胡晓镭. 湖、库富营养化机理研究综述[J]. 水资源保护，2009，25（4）：44-47.

[39] JORGENSEN S E . Application of ecology in environmental manage-ment[M]. Boca Raton：CRC Press，1983.

[40] 王淑芳. 水体富营养化及其防治[J]. 环境科学与管理，2005，30（6）：63-65.

[41] Dolman Andrew M，Wiedner Claudia. Predicting phytoplankton biomass and estimating critical N：P ratios with piecewise models that conform to Liebig's law of the minimum[J]. Freshwater biology，2015，60（4）：686-697.

[42] 谢允田，魏民，吕军，等. 南湖叶绿素 a 含量与湖水理化性质的多元分析[J]. 东北水利水电，1999（1）：43-45.

[43] LAU S S，LANE S N. Biological and chemical factors influencing shallow lake eutrophication：a long-term study[J]. The Science of the Total Environment，2002，288：167-181.

[44] 李小平. 美国湖泊富营养化的研究和治理[J]. 自然杂志，2002，24（2）：63-68 .

[45] 邬红娟，郭生炼. 水库水文情势与浮游植物群落结构[J]. 水科学进展，2001，12（1）：51-55.

[46] 刘用凯. 山仔水库水质富营养化防治对策[J]. 福建环境，2001，18（1）：13-14.

[47] Mitrobvic S M，Oliver R L，Rees C，et al. Critical flow velocities for the growth and dominance of Anabaena circinalis in some turbid freshwater rivers[J]. Freshwater Biology，2003，48：164-174.

[48] Escartn J，Aubrey D G. Flow structure and dispersion within algal mats estuarine[J]. Coastal and Shelf Science，1995，40：451-472.

[49] 孔繁翔. 湖泊富营养化治理与蓝藻水华控制[J]. 江苏科技信息，2007（9）：1-11.

[50] 王华，逄勇. 藻类生长的水动力学因素影响与数值仿真[J]. 环境科学，2008，29（4）：884-889.

[51] 柴小颖. 光照和温度对三峡库区典型水华藻类生长的影响研究[D]. 重庆：重庆大学，2009.

[52] PERAKIS S S, WELCH E B, JACOBY J M. Sediment-to-water blue-green algal recruitment in response to alum and environmental factors[J]. Hydrobiologia，1996，318：165-177.

[53] 陶益，孔繁翔，曹焕生，等. 太湖底泥水华蓝藻复苏的模拟[J]. 湖泊科学，2005，17（3）：231-236.

[54] 陈明耀. 生物饵料培养[M]. 北京：中国农业出版社，2002：27-65.

[55] 刘青，张晓芳，李太武，等. 光照对 4 种单胞藻生长速率、叶绿素含量及细胞周期的影响[J]. 大连水产学院学报，2006，21（1）：24-30.

[56] CAO Z，ZHANG X，AI N. Effect of sediment on concentration of dissolved phosphorus in the Three Gorges Reservoir[J]. International Journal of Sediment Research，2011，26（1）：87-95.

[57] 徐耀阳，王岚，韩新芹，等. 三峡水库香溪河库湾春季水华期间悬浮物动态[J]. 应用生态学报. 2009，20（4）：963-969.

[58] 杨敏，毕永红，胡建林，等. 三峡水库香溪河库湾春季水华期间浮游植物昼夜垂直分布与迁移[J]. 湖泊科学. 2011，23（3）：375-382.

[59] CAO C，ZHENG B，CHEN Z，et al. Eutrophication and algal blooms in channel type reservoirs：A novel enclosure experiment by changing light intensity[J]. Journal of Environmental Sciences，2011，23（10）：1660-1670.

[60] MASÓM，GARCÉS E. Harmful microalgae blooms（HAB）; problematic and conditions that induce them[J]. Marine Pollution Bulletin. 2006，53（10-12）：620-630.

[61] ZHANG J，ZHENG B，LIU L，et al. Seasonal variation of phytoplankton in the DaNing River and its relationships with environmental factors after impounding of the Three Gorges Reservoir：A four-year study[J]. Procedia Environmental Sciences，2010，2：1479-1490.

[62] DOLBETH M，CARDOSO P G，GRILO T F，et al. Long-term changes in the production by estuarine macrobenthos affected by multiple stressors[J]. Estuarine，Coastal and Shelf Science，2011，92（1）：10-18.

[63] 张远，郑丙辉，刘鸿亮. 三峡水库蓄水后的浮游植物特征变化及影响因素[J]. 长江流域资源与环境，2006，15（2）：254-257.

[64] 周广杰，况琪军，胡征宇，等. 香溪河库湾浮游藻类种类演替及水华发生趋势分析[J]. 水生生物学报，2006，30（1）：42-45.

[65] 周广杰，况琪军，胡征宇. 大宁河春季浮游藻类“水华”及其营养限制[J]. 长江流域资源与环境，2007，16（5）：628-633.

[66] GAO X L，SONG J M. Phytoplanton distributions and their relationship with the environment in the Changjiang Estuary，China[J]. Marine Pollution Bulletin，2005，50：327-335.

[67] 王海云. 三峡水库蓄水对香溪河水环境的影响及对策研究[J]. 长江流域资源与环境，2005，14（2）：233-237.

[68] MENDEN D S，LESSARD E J. Carbon to volume relationship for dinoflagellates，diatoms and other protists plankton[J]. Limnology and Oceanography，2000，45（3）：569-579.

[69] 张智，宋丽娟，郭蔚华. 重庆长江嘉陵江交汇段浮游藻类组成及变化[J]. 中国环境科学，2005，25（6）：695-699.

[70] 杨帆，郭蔚华. 嘉陵江出口段不同流速浮游藻类优势群组成变化[J]. 重庆建筑大学学报，2007，3（10）：23-27.

[71] 邓洪平，陈锋，王明书，等. 嘉陵江下游硅藻群落结构及物种多样性研究[J]. 水生生物学报，2010，34（2）：330-335.

[72] 郭蔚华，李楠，张智，等. 嘉陵江出口段三类水体蓝绿硅藻优势种变化机理[J]. 生态环境学报，2009，18（1）：51-56.

[73] 郭蔚华，王柱，贺栋才，等. 三峡 175 米蓄水期间春季嘉陵江出口段藻类变化[J]. 中国环境监测，2011，27（3）：69-73.

[74] 龙天渝，蒙国湖，吴磊，等. 水动力条件对嘉陵江重庆主城段藻类生长影响的数值模拟[J]. 环境科学，2010，31（7）：1498-1503.

[75] 张勇，杨敏，张晟，等. 嘉陵江重庆段营养盐空间变化特征及营养状态评价[J]. 重庆师范大学学报，2015，32（5）：68-74.

[76] BECKER R.，SULTAN M，，BOYER G，et al. Mapping variations of algal blooms in the Lower Great Lakes[J]. Great Lakes Research Review，2007，7：14-16.

[77] YABUNAKA K.，HOSOMI M.，MURAKAMI A.，Novel application of a back-propagation artificial neural network model formulated to predict algal bloom[J]. Water Science and Technology，1997：36（5），89-97.

[78] DOKULIL M.，CHEN W.，CAI Q.. Anthropogenic impacts to large lakes in China：the Tai Hu example[J]. Aquatic ecosystem health and management，2000，8：81-94.

[79] DICK W A，TABATABAI M A. Significance and potential uses of soil enzymes. In：Meeting FB Jr[J]. Soil Microbial ecology，1992：95-127.

[80] 张胜花，葛芳杰，王红强，等. 不同氮磷营养条件下铜绿微囊藻对正磷酸盐的蓄积效果[J]. 长江流域资源与环境. 2008，17（6）：909-914.

[81] CEMBEL la A D，ANTIA N J，HARRISON P J. The uti li zation of inorganic and organic phosphorous compounds as nutrients by eukaryotic microalgae：a mult idisciplinary perspective：part Ⅰ[J]. CRC Cr Rev Mi crobiol，1984，10（4）：317-391.

[82] HUANG B Q，HONG H S. Alkaline phosphatase activity and uti lization of dissolved organi c phosphorus by algae in subtropi cal coastal waters[J]. Mar Pollut Bull，1999，39：205-211.

[83] BJÖRKMAN K，KARL D M. Bioavai labi lity of inorganic and organic phosphorus compounds to natural assemblages of microorganisms in Hawaiian coastal waters[J]. Mar Ecol Prog Ser，1994，111：265-273.

[84] BOGE G, JEAN N, JAMET J, et al. Seasonal changes in phosphatase activities in Toulon Bay (France) [J]. Marine Environmental Research, 2006, 61 (1): 1-18.

[85] 张宇，乌恩，李重祥，等. 长江中下游湖泊沉积物酶活性及其与富营养化的关系[J]. 应用与环境生物学报，2011，17（2）：196-201.

[86] MHAMDI B A, AZZOUZI A, ELLOUMI J, et al. Exchange potentials of phosphorus between sediments and water coupled to alkaline phosphatase activity and environmental factors in an oligo-mesotrophic reservoir[J]. Comptes Rendus Biologies, 2007, 330 (5): 419-428.

[87] HONG H C, ZHOU H Y, LAN C Y, et al. Pentachlorophenol induced physiological-biochemical changes in Chlorella pyrenoidosa culture[J]. Chemosphere, 2010, 81 (10): 1184-1188.

[88] BHADURY P, SONG B, WARD B B. Intron features of key functional genes mediating nitrogen metabolism in marine phytoplankton[J]. Marine Genomics, 2011, 4 (3): 207-213.

[89] JAMPEETONG A, BRIX H. Nitrogen nutrition of Salvinia natans: Effects of inorganic nitrogen form on growth, morphology, nitrate reductase activity and uptake kinetics of ammonium and nitrate[J]. Aquatic Botany. 2009, 90 (1): 67-73.

[90] 黄瑾，夏建荣，邹定辉. 微藻碳酸酐酶的特性及其环境调控[J]. 植物生理学通讯，2010，46（7）：631-636.

[91] 王铭，桑敏，李爱芬，等. 不同理化因子对雨生红球藻 CG-11 碳酸酐酶活性的影响[J]. 植物生理学通讯，2010，46（7）：701-706.

[92] 夏建荣，黄瑾. 氮、磷对小新月菱形藻无机碳利用与碳酸酐酶活性的影响[J]. 生态学报，2010，30（15）：4085-4092.

[93] 解军. 脱氢酶活性测定水中活体藻含量的研究[D]. 济南：山东大学，2008

[94] TE S H, GIN K Y. The dynamics of cyanobacteria and microcystin production in a tropical reservoir of Singapore[J]. Harmful Algae, 2011, 10 (3): 319-329.

[95] MOULIN P, ANDRÍA J R, AXELSSON L, et al. Different mechanisms of inorganic carbon acquisition in red macroalgae（Rhodophyta）revealed by the use of TRIS buffer[J]. Aquatic Botany, 2011, 95（1）: 31-38.

[96] MERCADO J M, DE LOS SANTOS C B, LUCAS PÉREZ-LLORÉNS J, et al. Carbon isotopic fractionation in macroalgae from C á diz Bay（Southern Spain）: Comparison with other bio-geographic regions[J]. Estuarine, Coastal and Shelf Science, 2009, 85（3）: 449-458.

[97] 乌兰巴特尔，杨红梅，乔辰. 螺旋藻硝酸还原酶 Km 值的比较研究[J]. 内蒙古农业大学学报（自然科学版），2009，30（4）：56-60.

[98] 陈卫民，张清敏，戴树桂. NO_2^--N 对铜绿微囊藻生理特性的影响[J]. 中国环境科学，2009，29（9）：972-976.

[99] 丁光茂，洪华生，王大志. 东海原甲藻和链状亚历山大藻对硝酸盐和氨盐的生理响应[J]. 厦门大学学报（自然科学版），2010，49（1）：95-101.

[100] RIGANO C, VIOLANTE U. A latent nitrate reductase from a thermophilic alga[J]. Biochemical and Biophysical Research Communications. 1972, 47（2）: 372-379.

[101] SUN Y, GAO X, LI Q, et al. Functional complementation of a nitrate reductase defective mutant of a green alga Dunaliella viridis by introducing the nitrate reductase gene[J]. Gene, 2006, 377（0）: 140-149.

[102] NAVARRO F J, PERDOMO G, TEJERA P, et al. The role of nitrate reductase in the regulation of the nitrate assimilation pathway in the yeast Hansenula polymorpha[J]. FEMS Yeast Research, 2003, 4（2）: 149-155.

[103] GRANBOM M, CHOW F, LOPES P F, et al. Characterisation of nitrate reductase in the marine macroalga Kappaphycus alvarezii（Rhodophyta）[J]. Aquatic Botany, 2004, 78（4）: 295-305.

[104] 杨维东，钟娜，刘洁生，等. 不同磷源及浓度对利玛原甲藻生长和产毒的影响研究[J]. 环境科学，2008，29（10）：2760-2765.

[105] S. NEWMAN, et al., Phosphatase activity as an early warning indicator of wetland eutrophication: problems and prospects[J]. Journal of Applied Phycology, 2003, 15: 45-49.

[106] HUANG Y L, et al.. Simulation-based inexact chance-constrained nonlinear programming for eutrophication management in the Xiangxi Bay of Three Gorges Reservoir[J]. Journal of Environmental Managemen, 2012, 108: 54-65.

[107] 李崇明，黄真理，张晟，等. 三峡水库藻类“水华”预测[J]. 长江流域资源与环境，2007，16（1）：1-6.

[108] STRSKRABA M, TUNDISI J G. Guidelines of Lake Management: Reservoir Water Quality Management[J]. International lake Environment Committee, 1999: 1-60.

[109] HART D D, et al. Dam removal: challenges and opportunities for ecological research and river restoration[J]. BioScience, 2002, 52: 669-682.

[110] MAGILLIGAN F J, K H NISLOW. Changes in hydrologic regime by dams[J]. Geomorphology. 2005, 71: 61-78.

[111] 杨浩，曾波，孙晓燕，等. 蓄水对三峡库区重庆段长江干流浮游植物群落结构的影响[J]. 水生生物学报，2012，36（4）：715-723.

[112] 中国长江三峡集团公司. 水情情况[EB/OL]. 2016-02-01，http：//www.ctg. com. cn/inc/sqsk. php.

[113] 国家环境保护总局. 水和废水监测分析方法[M]. 4 版. 北京：中国环境科学出版社，2002.

[114] QIANG A, et al. Research on the changes of local Weather and Climate in the Three Gorges Reservoir[J]. Disaster Advances, 2013, 6: 498-504.

[115] LIAN J J, et al. Reservoir Operation Rules for Controlling Algal Blooms in a Tributary to the Impoundment of Three Gorges Dam[J]. Water, 2014, 6: 3200-3223.

[116] 谢元礼，范熙伟，韩涛，等. 基于 TM 影像的兰州市地表温度反演及城市热岛效应分析[J]. 2011，25（9）：172-175.

[117] 陈恕华. 气体的溶解度与温度的关系[J]. 大学化学，1993，8（4）：54-56.

[118] 严登华，邓伟，何岩. 图们江水系天然水体 pH 值变化特征及成因分析[J]. 农业环境保护，2001，20（1）：4-6.
[119] YE C.，et al. Advancing Analysis of Spatio-Temporal Variations of Soil Nutrients in the Water Level Fluctuation Zone of China's Three Gorges Reservoir Using Self-Organizing Map[J]. Plos One，2015，10，e0121210.
[120] 逄勇，李一平，罗潋葱. 水动力条件下太湖透明度模拟研究[J]. 中国科学（D 辑：地球科学），2005，35：145-156.
[121] 王书敏. 山地城市面源污染时空分布特征研究[D]. 重庆：重庆大学，2012.
[122] 杜胜蓝，黄岁樑，臧常娟，等. 浮游植物现存量表征指标间相关性研究Ⅰ：叶绿素 a 与生物量[J]. 水资源与水工程学报，2011，22（1）：40-44.
[123] 潘延安. 重庆主城区次级河流沉积物重金属污染特征研究[D]. 兰州：兰州交通大学，2014.
[124] 刘洪霞. 环境因子对球等鞭金藻胞外碳酸酐酶活性的影响[D]. 烟台：烟台大学，2007.
[125] 杜宇，孙雪，徐年军. 不同盐度和 Fe3 + 浓度对小球藻生长、硝酸还原酶活性及基因表达的影响[J]. 生态科学，2012，31（4）：441-445.
[126] 王维娜，王安利，孙儒泳. 水环境中的铜锌铁钴离子对日本沼虾消化酶和碱性磷酸酶的影响[J]. 动物学报，2001，47（专刊）：72-77.
[127] 廖国礼，吴超. 尾矿区重金属污染浓度预测模型及其应用[J]. 中南大学学报，2004，35（6）：1009-1013.
[128] 宋晓红，闫淑莲，田晓娟. 镁离子对碱性磷酸酶折叠过程的影响[J]. 首都医科大学学报，2003，24（3）：221-224.
[129] 汪金成，卞俊杰，陈新国. 2000 年以来长江干流水质变化趋势分析[J]. 湖北水力发电，2009，82（2）：1-3.
[130] 顾恒岳. 嘉陵江泥沙来源及地区组成的初步分析[J]. 重庆交通学院学报，1984，11（4）：75 -84.
[131] 王皖蒙，李定龙，杨彦，等. 常州市老城区水体有机污染分布特征及原因初探[J]. 环境监测管理与技术，2011，23（4）：68-71.

[132] 李军，刘丛强，李龙波，等. 硫酸侵蚀碳酸盐岩对长江河水 DIC 循环的影响[J]. 地球化学，2010，39：306-313.
[133] DAS A.，et al. Carbon isotope ratio of dissolved inorganic carbon（DIC）in rivers draining the Deccan Traps，India：Sources of DIC and their magnitudes[J]. Earth and Planetary Science Letters，2005，236：419-429.
[134] WOLLAST R，MACKENZIE F T. The global cycle of silica. In：Aston S，ed. Silicon Geochemistry and Biogeochemistry[M]. London：Academic Press，1983，39-76.
[135] WU Y，et al. Sources and distribution of carbon within the Yangtze River system[M]. Estuarine：Coastal and Shelf Science，2007，71：13-25.
[136] YU，H.，et al. Impact of extreme drought and the Three Gorges Dam on transport of particulate terrestrial organic carbon in the Changjiang（Yangtze）River[J]. Journal of Geophysical Research，2011，116，F04029.
[137] HONG H，et al. Characterization of dissolved organic matter under contrasting hydrologic regimes in a subtropical watershed using PARAFAC model[J]. Biogeochemistry，2012，109：163-174.
[138] 王敏. 长江主流碳的时空输运特征及三峡工程对其影响[D]. 青岛：中国海洋大学，2010.
[139] CAUWET G，MACKENZIE F T. Carbon inputs and distribution in estuaries of turbid rivers：The Yangtze and Yellow Rivers（China）[J]. Marine Chemistry，1993，43：235-246.
[140] ZHANG S，et al. Organic matter in large turbid rivers：the Huanghe and its estuary[J]. Marine Chemistry，1992，38：53-68.
[141] RICHEY J E，et al. Biogeochemistry of carbon in the Amazon River[J]. Limnology and Oceanography，1990，35：352-371.
[142] 李双. 三峡水库库中地区典型干、支流水体 p（CO2）的时空分布及影响因素研究[D]. 上海：上海大学，2014.

[143] LEE J H., BANG K W. Characterization of urban stormwater runoff[J]. Water Research, 2000, 34: 1773-1780.

[144] 郑丙辉，曹承进，秦延文，等. 三峡水库主要入库河流氮营养盐特征及其来源分析[J]. 环境科学，2008，29（1）：1-6.

[145] DHINDSA, R S, PLUMB-DHINDSA, P, Thorpe, T A. Leaf senescence, correlated with increase levels of membrane permeability and lipid peroxidation and decreased levels of superoxide dismutase and catalase[J]. J. Exp. Bot., 1981, 32: 91-101.

[146] 王利群，王勇，董英，等. 硝酸盐对硝酸还原酶活性的诱导及硝酸还原酶基因的克隆[J]. 生物工程学报，2003，19：632-635.

[147] 程斌，鞠耀明，王凯南，等. 氧化法处理亚硝酸盐废水资源化回收硝酸盐[J]. 广东化工，2010，6（37）：177-180.

[148] 刘鹏霞. 三峡水库蓄水至 135 米后库区和长江干流各形态磷的分布特征研究[D]. 青岛：中国海洋大学，2007.

[149] 张彬. 三峡水库消落带土壤有机质、氮、磷分布特征及通量研究[D]. 重庆大学，2013.

[150] 孙璐. 三峡库区小江流域消落带土壤磷对水环境影响研究[D]. 重庆：西南大学，2010.

[151] CHROST R J, SIUDA W, HALEMEJKO G Z. Long term studies on alkaline phosphatase activity（APA）in a lake with fish-aquaculture in relation to lake eutrophication and phosphorus cycle[J]. Archiv f ü r Hydrobiologie Supplement, 1984, 70（1）: 1-32.

[152] 吴磊. 三峡库区典型区域氮、磷和农药非点源污染物随水文过程的迁移转化及其归趋研究[D]. 重庆：重庆大学，2012.

[153] 谢春生. 碱性磷酸酶在点面污染源磷形态转化中的作用研究[D]. 杭州：浙江大学，2012.

[154] 张智，张腾璨，王敏，等. 嘉陵江落水期回水区磷形态分布及可酶解磷分布特征[J]. 给水排水，2013，39（9）：115-120.

[155] GUILDFORD S, HECKY R. Total nitrogen, total phosphorus, and nutrient limitation in lakes and oceans: Is there a common relationship?[J]. Limnology and Oceanography, 2000, 45: 1213-1223.

[156] 李一平. 太湖水体透明度影响因子实验及模型研究[D]. 南京：河海大学，2006.

[157] 朱连磊，宋金明，李学刚，等. 东海中北部海域秋季表层海水中无机碳与海气界面碳的迁移[J]. 海洋科学，2012，36（10）：26-32.

[158] 叶琳琳，吴晓东，孔繁翔，等. 太湖入湖河流溶解性有机碳来源及碳水化合物生物可利用性[J]. 环境科学，2015，36（3）：914-921.

[159] 张智，兰凯，白占伟. 蓄水后三峡库区重庆段污染负荷与时空分布研究[J]. 生态环境，2005，14（2）：185-189.

[160] WILBUR，K M，N G ANDERSON. Electrometric and colorimetric determination of carbonic anhydrase[J]. J. Biol. Chem.，1948，176：147-154.

[161] 王金花. 氮磷营养盐对东海典型浮游植物生长及硝酸还原酶活性的影响[D]. 青岛：中国海洋大学，2008.

[162] T. BERMAN. Alkaline phosphatases and phosphorus availability in lake kinneret[J]. Limnology&Oceanography，1970，15（5）：663-674.

[163] HOCHMAN A，et al. Nitrate reductase：an improved assay method for phytoplankton[J]. Journal of Plankton Research，1986，8（2）：385-392.

[164] 秦纪洪，张文宣，王琴，等. 亚高山森林土壤酶活性的温度敏感性特征[J]. 土壤学报，2013，50（6）：1241-1245.

[165] 丁雁雁. 温度、光照对东海几种典型赤潮藻生长及硝酸还原酶活性的影响[D]. 青岛：中国海洋大学，2012.

[166] ERIN R. GRAHAMA，et al. Carbonic anhydrase activity changes in response to increased temperature and pCO2 in Symbiodinium-zoanthid associations[J]. Journal of Experimental Marine Biology and Ecology，2015，473：218-226.

[167] PETTERSSON K. Alkaline phosphatase activity and algal surplus phosphorus as phosphorus-deficiency indicator in Lake Erken[J]. Arch Hydrobiol，1980，89：54-87.

[168] TAE-SEOK A.，SEUNG-IK C.，KI-SEONG J.. Phosphatase activity in Lake Soyang, Korea[J]. Verh. Internal. Verein. Limnol, 1993, 25: 183-186.

[169] 马金华. 链状亚历山大藻衰亡时期的生理与分子调控研究[D]. 青岛：中国海洋大学，2013.

[170] 曾婷. 重庆长江嘉陵江浮游藻类分布特征及水质状况的研究[D]. 重庆：重庆大学，2008.

[171] PENG Pu，et al.. Seasonal Variation and Significance of Alkaline Phosphatase Acitvity on Algal Blooming in Chongqing Urban Section of Jialing River[J]. Asian Journal of Chemistry，2014，26：60-67.

[172] 卢大远，刘培刚，范天俞，等. 汉江下游突发"水华"的调查研究[J]. 环境科学研究，2000，13（2）：29-31.

[173] TANG DANLING，et al. Insitu and satellite observations of a harmful algal bloom and water condition at the Pearl River estuary in late autumn 1998[J]. Harmful Algae，2003（2）：289-299.

[174] 地表水环境质量标准：GB 3838—2002[S]. 北京：中国环境科学出版社，2002.

[175] GODINOT C，FERRIER-PAGÈS C，MONTAGNA P，et al. Tissue and skeletal changes in the scleractinian coral Stylophora pistillata Esper 1797 under phosphate enrichment[J]. Journal of Experimental Marine Biology and Ecology，2011，409（1-2）：200-207.

[176] AGUIAR V M D C，NETO J A B，RANGEL C M. Eutrophication and hypoxia in four streams discharging in Guanabara Bay，RJ，Brazil，a case study[J]. Marine Pollution Bulletin，2011，62（8）：1915-1919.

[177] THIEU V，GARNIER J，BILLEN G. Assessing the effect of nutrient mitigation measures in the watersheds of the Southern Bight of the North Sea[J]. Science of The Total Environment，2010，408（6）：1245-1255.

[178] 梁培瑜，王烜，马芳冰. 水动力条件对水体富营养化的影响[J]. 湖泊科学，2013，25（4）：455-462.

[179] 董慧，郑西来，张健. 河口沉积物孔隙水营养盐分布特征及扩散通量[J]. 水科学进展，2012，23（6）：815-821.

[180] JOHNSON D B，HALLBERG K B. Acid mine drainage remediation options：a review[J]. Science of the Total Environment，2005，338（1-2），3-14.

[181] 杜胜蓝，黄岁梁，臧常娟，等. 浮游植物现存量表征指标间相关性研究Ⅰ：叶绿素 a 与生物量[J]. 水资源与水工程学报，2011，22（1）：40-44.

[182] 杨波，储昭升，金相灿，等. CO2/pH 对三种藻生长及光合作用的影响[J]. 中国环境科学，2007，27（1）：54-57.

[183] 林峰竹. 长江口初级生产者物质输运及其与环境因子的关系[D]. 北京：中国科学院，2007.

[184] 段有强，黄明，李友军，等. 硝态氮和铵态氮及其配施对专用型小麦蛋白质和 GMP 含量的影响[J]. 核农学报，2014，28（1）：0161-0167.

[185] 马利民，唐燕萍，滕衍行，等. 三峡库区消落区土壤磷释放的环境影响因子[J]. 地学前缘，2008，15（5）：235-241.

[186] 古励，郭显强，丁昌，等. 藻源型溶解性有机氮的产生及不同时期藻类有机物的特性[J]. 中国环境科学，2015，35（9）：2745-2753.

[187] 刘罗曼. 用主成分回归分析解决回归模型中复共线性问题[J]. 沈阳师范大学学报，2008，26（1）：42-44.

[188] REDFIELD A C K B. The influence of organisms on the composition of seawater[M]. 1963：26-77.

[189] KLUG J L. Nutrient limitation in the lower Housatonic River estuary[J]. Estuaries and Coasts，2006，29（5）：831-840.

[190] HÅKANSON L，BRYHN A C，HYTTEBORN J K. On the issue of limiting nutrient and predictions of cyanobacteria in aquatic systems[J]. Science of The Total Environment，2007，379（1）：89-108.

[191] 孙金华. 太湖水体有机磷组成空间分布及与水环境关系[D]. 南京：河南大学，2013.

[192] WANG Z，XIE R，BUI C T，et al. Utilization of dissolved organic phosphorus by different groups of phytoplankton taxa[J]. Harmful Algae，2011，12：113-118.

[193] 张腾璨. 嘉陵江回水区水体磷的形态分布及酶解特征研究[D]. 重庆：重庆大学，2013.

[194] HOPPE H G. Phosphatase activity in the sea[J]. Hydrobiologia，2003，493：187-200.

[195] MCQUEEN D J，LEAN D R S. Influence of water temperature and nitrogen to phosphorus ratios on the dominance of blue-green algae in Lake St. George，Ontario[J]. Canadian Journal of Fisheries and Aquatic Sciences，1987，44（3）：598-604.

[196] ROBARTS R D，ZOHARY T. Temperature effects on photosynthetic capacity，respiration，and growth rates of bloom-forming cyanobacteria[J]. New Zealand Journal of Marine and Freshwater Research，1987，21（3）：391-399.

[197] NALEWAJKO C，MURPHY T P. Effects of temperature，and availability of nitrogen and phosphorus on the abundance of Anabaena and Microcystis in Lake Biwa，Japan：An experimental approach[J]. Limnology，2001，2（1）：45-48.

[198] 王俊臣，陈伟强，李月红. 藻类对池塘水环境的影响及水生植物和鲢鳙对水体的净化[J]. 吉林农业大学学报，2016，38（1）：111-116.

[199] MCINTIRE C D，GARRISON R L，Phinney H K，et al. Primary production in laboratory streams[J]. Limnology and oceanography，1964，9（1）：92-102.

[200] HUISMAN J，SHARPLES J，STROOM J M，et al. Changes in turbulent mixing shift competition for light between phytoplankton species[J]. Ecology，2004，85（11）：2960-2970.

[201] 腾益莉，王沛芳，任凌霄，等. 锌和铁对浅水湖泊中浮游植物复苏影响研究——以玄武湖为例[J]. 农业环境科学学报，2016，35（3）：540-547.

[202] 谭香，沈宏，宋立荣. 三种水华蓝藻对不同磷浓度生理响应的比较研究[J]. 水生生物学报，2007，31（5）：693-699.

[203] 许海，吴雅丽，杨桂军，等. 铜绿微囊藻、斜生栅藻对氮磷饥饿的耐受能力研究[J]. 生态科学，2014，33（5）：879-884.